国家重点基础研究发展计划（973 计划）项目
"气候变化对我国东部季风区陆地水循环与水资源安全的影响及适应对策"（2010CB428400）

ATLAS OF VULNERABILITY AND ADAPTATION OF WATER RESOURCES
IN EAST MONSOON AREA OF CHINA UNDER THE CLIMATE CHANGE

# 气候变化影响下中国东部季风区
# 水资源脆弱性与适应性图集

夏军　李原园　等　著

中国水利水电出版社
www.waterpub.com.cn
· 北京 ·

# 内 容 提 要

本图集为国家重点基础研究发展计划（973 计划）项目"气候变化对我国东部季风区陆地水循环与水资源安全的影响及适应对策"（2010CB428400）系列成果之一，由东部季风区八大流域地理位置图、东部季风区八大流域水循环要素图、东部季风区八大流域水资源现状与供需关系图、东部季风区八大流域水资源脆弱性图、东部季风区八大流域应对气候变化水资源适应性调控效果图以及实例研究——南水北调中线调水工程水资源脆弱性图与适应性管理效果图和附图组成，反映了中国东部季风区水资源的过去、现在和未来情势及适应性管理的效果。

本图集可供从事水利、水资源与生态环境等专业的科技人员应用与参考。

## 图书在版编目（ＣＩＰ）数据

气候变化影响下中国东部季风区水资源脆弱性与适应性图集 / 夏军等著. -- 北京 : 中国水利水电出版社，2016.12
国家重点基础研究发展计划（973 计划）项目"气候变化对我国东部季风区陆地水循环与水资源安全的影响及适应对策"（2010CB428400）
ISBN 978-7-5170-5117-6

Ⅰ. ①气… Ⅱ. ①夏… Ⅲ. ①气候变化－影响－季风区－水资源－中国－图集 Ⅳ. ①TV211-64

中国版本图书馆CIP数据核字(2016)第324725号

审图号：GS（2016）794号

| 书　　　名 | 气候变化影响下中国东部季风区水资源脆弱性与适应性图集<br>QIHOU BIANHUA YINGXIANG XIA ZHONGGUO DONGBU JIFENGQU SHUIZIYUAN CUIRUOXING YU SHIYINGXING TUJI |
|---|---|
| 作　　　者 | 夏军　李原园　等著 |
| 出版发行 | 中国水利水电出版社<br>（北京市海淀区玉渊潭南路1号D座　100038）<br>网址：www.waterpub.com.cn<br>E-mail：sales@waterpub.com.cn<br>电话：(010) 68367658 (营销中心) |
| 经　　　售 | 北京科水图书销售中心 (零售)<br>电话：(010) 88383994、63202643、68545874<br>全国各地新华书店和相关出版物销售网点 |
| 排　　　版 | 中国水利水电出版社装帧出版部 |
| 印　　　刷 | 北京博图彩色印刷有限公司 |
| 规　　　格 | 210mm×297mm　16开本　8.75印张　271千字 |
| 版　　　次 | 2016年12月第1版　2016年12月第1次印刷 |
| 印　　　数 | 0001—1000 册 |
| 定　　　价 | **100.00 元** |

# 《气候变化影响下中国东部季风区水资源脆弱性与适应性图集》 作者名单

**课 题 负 责 人**　　夏　军　李原园

**主 要 作 者**　　夏　军　李原园　雒新萍　邱　冰　陈俊旭

　　　　　　　　　　宁理科　罗　勇　唐红利　曹建廷　沈福新

　　　　　　　　　　洪　思　刘小莽　占车生　柳文华　石　卫

　　　　　　　　　　杨　鹏　史　超

**主 要 参 与 单 位**　　中国科学院地理科学与资源研究所

　　　　　　　　　　水利部水利水电规划设计总院

　　　　　　　　　　中国气象局国家气候中心

　　　　　　　　　　武汉大学

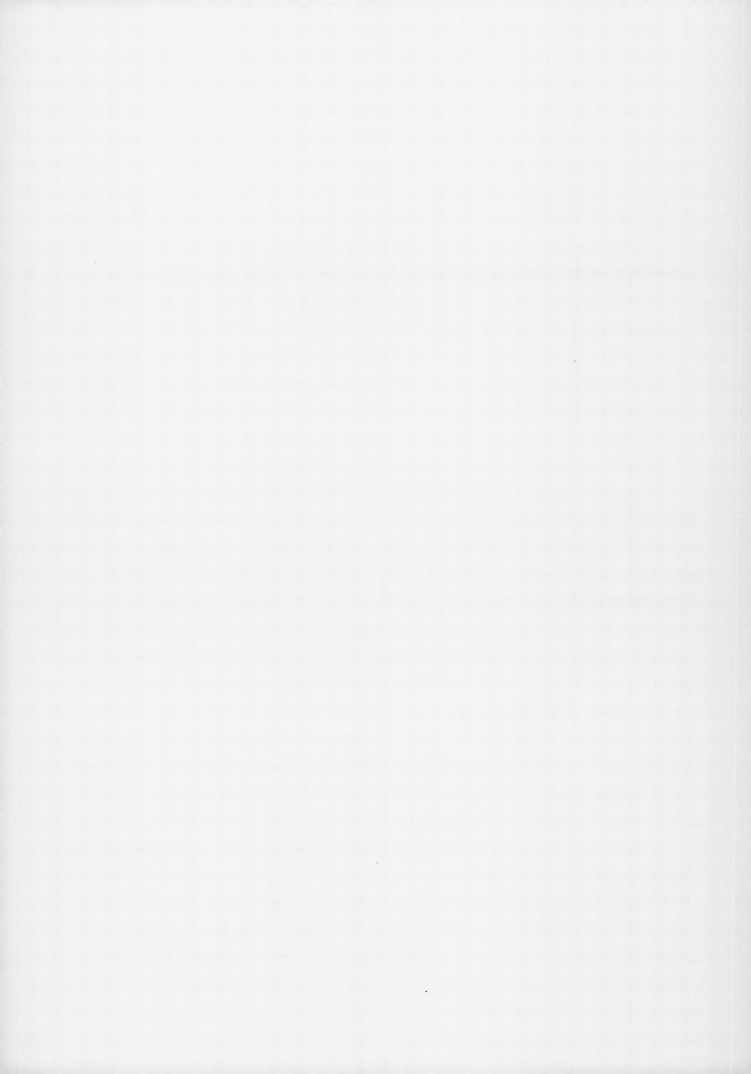

气候变化影响下水资源脆弱性和适应性研究不仅是当前世界气候与水问题研究的热点，也是我国社会经济可持续发展和保障水资源安全的关键问题之一。在国家重点基础研究发展计划（973 计划）项目"气候变化对我国东部季风区陆地水循环与水资源安全的影响及适应对策"（2010CB428400）支持下，由夏军首席科学家领衔，科研项目组历时五年，锲而不舍，通过实际调研和大量的资料分析，在扎实的科学研究与创新、面向国家重大需求应用实践基础上，完成了《气候变化影响下中国东部季风区水资源脆弱性与适应性图集》。

该图集以图文并茂的形式刻画了中国东部季风区八大流域水资源现状、水资源供需关系与矛盾以及与之联系的水资源脆弱性，与水资源供需矛盾和脆弱性联系的水资源变化敏感性，与社会经济和人口分布联系的暴露度，与水旱灾害联系的灾害风险分析，以及未来气候变化影响下中国东部季风区长江、黄河等八大流域水资源脆弱性的系统变化。针对未来气候变化不同情景下的影响和水资源压力，提出了基于"三条红线"的最严格水资源管理制度等政策的适应性对策及其效果等相关成果。该成果已被应用到我国东部季风区长江、黄河等八大流域应对气候变化水资源管理与重大调水工程的对策中，被主持全国水资源规划管理应用的部门评价为"在国内首次完成了《气候变化影响下中国东部季风区水资源脆弱性与适应性图集》，填补了如何应对气候变化影响的全国水资源规划的一项空白"。该图集为我国东部季风区长江、黄河、淮河、海河、松花江、辽河、珠江以及东南诸河的水资源规划、水利规划、重大调水工程规划等提供了应对气候变化决策的参考与支持。

该图集的出版还可供从事水利、水资源与生态环境等专业的科技人员应用与参考，特此为序！

中国科学院院士 刘昌明

2016 年 6 月

　　气候变化对水资源安全的影响与适应对策是当今国际地球科学重要的前沿问题之一。随着社会经济的快速发展和水环境问题的日益加重，中国的水资源短缺和供需矛盾愈来愈突出。气候变化对水循环和水资源的影响不仅改变了水资源的时空分布，而且可能进一步加剧水资源的供需矛盾和水资源的危机。本图集基于国家重点基础研究发展计划（973计划）项目"气候变化对我国东部季风区陆地水循环与水资源安全的影响及适应对策"（2010CB428400），将国家973项目科研成果服务于国家和社会需求，参与和指导气候变化影响下全国和流域层面的水资源规划、重大水利工程设计与适应性管理的相关工作。

　　本图集由中国东部季风区长江、黄河、淮河、海河、松花江、辽河、珠江、东南诸河等八大流域地理位置图，水循环要素图，水资源现状与供需关系图，水资源脆弱性图和应对气候变化水资源适应性调控效果图组成，其中东部季风区水资源脆弱性图和适应性图是本图集的主题，反映了中国东部季风区在气候变化影响背景下水资源过去、现在和未来的情势及适应性水资源管理的脆弱性变化。本图集为变化环境下水资源可持续利用与管理提供了科学技术支撑和参考，同时也面向社会公众和科学普及，展示了气候变化对水资源影响的脆弱性和采取应对措施与适应性管理的效果。

　　本图集由夏军首席科学家主持，并由他领衔的科研团队完成。在科研团队中，中国气象局国家气候中心罗勇和唐红利等、武汉大学夏军等参与了东部季风区八大流域水循环要素图的相关工作；水利部水利水电规划设计总院李原园、沈福新、曹建廷、邱冰等参与了东部季风区八大流域水资源现状与供需关系图的相关工作；武汉大学夏军，中国科学院地理科学与资源研究所雒新萍、陈俊旭、宁理科、占车生，水利部水利水电规划设计总院邱冰等参与了东部季风区八大流域气候变化背景下水资源变化的敏感性、暴露度、抗压性、水旱灾害风险及其与之联系的水资源脆弱性图的相关工作；武汉大学夏军、石卫，中国科学院地理科学与资源研究所洪思、宁理科、杨鹏等参与了东部季风区八大流域应对气候变化的水资源适应性规划与对策图的相关工作；武汉大学夏军，中国科学院地理科学与资源研究所刘小莽、柳文华、雒新萍等参与了气候变化对南水北调中线调水工程水资源脆弱性的影响和适应性对策与建议图等相关工作。全书由夏军完成统稿。

在本图集的编纂过程中得到了973项目咨询专家组孙鸿烈、徐冠华、秦大河、刘昌明、郑度、陆大道、李小文、王浩、傅伯杰、周成虎以及项目专家组刘春蓁、王明星、崔鹏、蔡运龙、沈冰、任国玉、林朝晖、姜文来的指导与帮助，得到了973项目课题1罗勇、姜彤等，课题2段青云、徐宗学等，课题3谢正辉、马柱国等，课题4莫兴国、章光新等，课题5刘志雨、章四龙等的大力支持与帮助，在此一并致予衷心的感谢！

由于本图集内容涉及面广、信息量大，尽管编辑人员竭尽全力，但不足和疏漏之处在所难免，敬请广大读者批评指正。

夏军　李原园

2016年6月

# 图集要素及有关说明

## 一、资料来源

本图集所使用资料包括 1960 — 2012 年中国大陆地区地面气象观测站逐日平均气温、降水，资料取自中国气象局国家气象信息中心；1954 — 2000 年中国东部季风区长江、黄河、淮河、海河、松花江、辽河、珠江、东南诸河八大流域二、三级水资源分区水资源评价数据，资料取自 2000 年全国水资源调查评价成果，由水利部水利水电规划设计总院相关出版专著提供；2010 年水资源评价成果取自于本项目研究成果；未来三种代表性浓度路径情景（Representative Concentration Pathways, RCPs）RCP2.6、RCP4.5 和 RCP8.5 降水和气温数据等资料由中国气象局国家气候中心整理提供；东部季风区八大流域 2000 年千米网格化人口和 GDP 数据资料由中国科学院地理科学与资源研究所提供。

## 二、区域划分

本图集中所采用的区域具体范围为中国东部季风区的长江、黄河、淮河、海河、松花江、辽河、珠江、东南诸河八大一级流域，共包括 60 个二级水资源分区、167 个三级水资源分区。

## 三、气候情景

温室气体排放情景，是对未来气候变化预估的基础。新一代温室气体排放情景被称为"代表性浓度路径"。基于 RCP2.6、RCP4.5 及 RCP8.5 三种情景（见表 1）对主要水循环要素进行了预估。RCP2.6 是把全球平均温度上升限制在 2℃之内的情景，无论从温室气体排放还是从辐射强迫看，这都是最低端的情景。RCP4.5 情景考虑了与全球经济框架相适应的、长期存在的全球温室气体和生存期短的物质排放，以及土地利用（陆面）变化，模式的改进包括历史排放及陆面覆被信息，遵循用最低代价达到辐射强迫目标的途径。RCP8.5是最高温室气体排放情景，该情景假定人口最多、技术革新率不高、能源改善缓慢、收入增长较缓，造成长时间高能源需求和温室气体排放。

表 1　　　　　　　　　　　　代 表 性 浓 度 路 径

| 情景 | 描　　　述 |
| --- | --- |
| RCP2.6 | 辐射强迫在 2100 年之前达到峰值，到 2100 年下降到 2.6W/m²，$CO_2$ 当量浓度峰值约 $490 \times 10^{-6}$ |
| RCP4.5 | 辐射强迫上升至 4.5W/m²，2100 年后 $CO_2$ 当量浓度稳定在约 $650 \times 10^{-6}$ |
| RCP8.5 | 辐射强迫上升至 8.5W/m²，2100 年 $CO_2$ 当量浓度达到约 $1370 \times 10^{-6}$ |

## 四、图集的特色与创新

本图集基于政府间气候变化专门委员会，即 IPCC（Intergovernmental Panel on Climate Change）为评估气候变化与极端气候事件间的关系及其对社会可持续发展的影响于 2012 年 2 月发表的题为《管理极端事件和灾害风险，提升气候变化适应能力》（Managing The Risks of Extreme Events and Disasters to Advance Climate Change Adaptation）的报告核心概念，将气候变化影响定性的概念转化为具体定量计算的方法，科学合理地分析和计算了我国东部季风区水资源的现状、水资源的供需关系以及与之联系的水资源敏感性、抗压性和脆弱性，与社会经济和人口分布联系的水资源暴露度，与水旱灾害联系的灾害风险分析，以及未来气候变化影响下中国东部季风区长江、黄河等八大流域水资源脆弱性的系统变化。针对未来气候变化不同情景下的影响和水资源压力，提出了基于国家可持续发展、生态文明建设战略和基于"三条红线"的最严格水资源管理制度等政策的适应性对策，并取得了相关适应性管理成果。该成果已应用到我国东部季风区长江、黄河等八大流域应对气候变化水资源管理与重大调水工程的对策中。在国内首次编写了《气候变化影响下中国东部季风区水资源脆弱性与适应性图集》，填补了我国应对气候变化影响的水资源适应性管理的空白，为我国东部季风区长江、黄河、淮河、海河、松花江、辽河、珠江以及东南诸河的水资源规划、水利规划、重大调水工程规划等提供了应对气候变化的科学支撑与技术支持。

## 五、计算方法

### （一）水资源脆弱性计算

水资源脆弱性是指区域水资源系统受到气候变化（包括变异和极端事件）和人类活动等扰动（包括供需矛盾、人口压力等）的胁迫而易于受损的一种性质，是水资源系统对扰动的敏感性以及应对扰动的抗压性能力的函数，具体表达式为：

$$V(t) = S(t) / C(t) \tag{1}$$

式中：$V(t)$ 为水资源脆弱性；$S(t)$ 为敏感性函数；$C(t)$ 为抗压力性函数或称可恢复性函数。

变化环境下的水资源脆弱性不仅包含与陆地水循环相关的水资源系统在自然变化条件下表现出的敏感性，也包括气候变化导致水资源承载系统的受损害程度，是气候变化下水资源系统对气候要素的敏感性（$S$）、抗压性（$C$）、暴露度（$E$）和灾害事件可能性（$P$）的函数。当耦合进系统暴露程度及气候事件可能性因素后，改进后的脆弱性公式为：

$$V(t) = S(t) \times E(t) \times P(t) / C(t) \tag{2}$$

式中：$S$ 为敏感性（反映气候变化的变率等）；$E$ 为暴露度（自然脆弱性）；$P$ 为灾害发生概率；$C$ 为抗压力性（可恢复性或弹性）。

按照气候变化对水资源敏感性的基础概念和定义，提出了同时考虑降水和气温的弹性系数的计算方法与公式：

$$\Delta Q = \frac{\partial Q}{\partial P} \Delta P + \frac{\partial Q}{\partial T} \Delta T \tag{3}$$

$$S = 1 - \exp\left(-\frac{\Delta Q}{\Delta P}\right) \tag{4}$$

式中：$P$ 为降水量；$T$ 为气温；$Q$ 为多年平均年径流量；$S$ 为基准年径流对降水、气温变化的敏感性；$\Delta Q$ 为气温变化 $\Delta T$、降水量变化 $\Delta P$ 下径流的变化量。

抗压性 $C(t)$ 是指针对水资源脆弱性，采取合理的水资源规划与配置、水利工程供水等工程与非工程措施，达到一定承受水资源压力（减少水资源脆弱性）的一种系统适应能力。它是量度水资源安全的函数，水资源安全保障程度的高低决定了水资源系统抗压性的大小。因此，水资源系统的抗压性为建立水资源脆弱性与适应性之间的联系提供了桥梁和纽带。通过国际国内合作研究，建立了决定水资源压力高低的三个关键性综合指标：水资源开发利用率（use-to-availability ratio）、人均可利用水资源量（per capita use of available water resources）和百万立方米水承载人口数（water crowding）与抗压性 $C(t)$ 之间的联系。通过进一步研究，考虑到生态环境保护与生态需水（$W_{\text{生态需水}}$）的需求以及水功能区达标的目标（$\mu$），进一步提出了人均可利用水资源量指标的改进方法。抗压性 $C(t)$ 与关键性水资源安全保障指标的函数关系如下：

$$
\begin{aligned}
C(t) &= C\left\{r, \frac{P}{Q_{\text{总}}}, \frac{(Q_{\text{总}}-W_{\text{生态需水}})\mu}{P}\right\} \\
&= \exp(-rk)\exp\left[\frac{P}{Q_{\text{总}}}\times\frac{(Q_{\text{总}}-W_{\text{生态需水}})\mu}{P}\right] \\
&= \exp\left[-rk+\frac{P}{Q_{\text{总}}}\times\frac{(Q_{\text{总}}-W_{\text{生态需水}})\mu}{P}\right]
\end{aligned}
\tag{5}
$$

式中：$r$ 为水资源开发利用率，%；$P/Q_{\text{总}}$ 为百万立方米水承载人口数；$(Q_{\text{总}}-W_{\text{生态需水}})/P$ 为人均可利用水资源量；$k$ 为抗压系数随水资源开发利用率变化的尺度因子；$\mu$ 为 V 类水以上河长占总河长的比例，%。

暴露度指人员、环境服务和各种资源、基础设施，以及经济、社会或文化资产等处在有可能受到不利影响的位置。气候变化背景下影响水资源脆弱性供需关系的关键暴露因子是水旱灾害，尤其是旱灾。选取 $E(t)=f(DI, EI)=DI\times EI$ 表征干旱暴露度的干旱特征指标和社会经济指标，其中，$DI$ 是干旱特征指标，可用地表湿润指数（降水量 $P$ 与潜在蒸发量 $PET$ 的比值）表示，$EI$ 是社会经济指标（指综合人口 $P_{op}$ 和 GDP）。

灾害概率 $P(t)$ 指特定时间内，自然灾害及社会脆弱性相互作用导致正常运转的社会发生严重改变的可能性。即：

$$
\left.\begin{aligned}
P(t) &= f(\text{旱灾发生概率 } P_D) \\
P_D &= P(X_i \in F)=m/n\times100\%
\end{aligned}\right\}
\tag{6}
$$

式中，在统计 $n$ 年内出现旱灾 $F$，则计入旱灾次数，总旱灾发生次数为 $m$，$X_i$ 表示具体某一场旱灾。

## （二）水资源适应性管理

水资源适应性管理能够被定义为"对已实施的水资源规划和水管理战略的产出，包括气候变化对水资源造成的不利影响，采取的一种不断学习与调整的系统过程，以改进水资源管理的政策与实践"。目的在于增强水系统的适应能力与管理政策，减少环境变化导致的水资源脆弱性，实现社会经济可持续发展与水资源可持续利用。

水资源适应性管理对策需要通过调节与水资源脆弱性相关联的调控变量来减少气候变化的不利影响。水资源脆弱性的指标体系包含了三个关键指标：水资源开发利用率（$r$）、水资源承载能力（$P/Q$）和人均可利用水资源量（$WD/P$），而这三个指标又分别与最大可用水资源量（$WD_{max}$）、总用水量（$WD$）、生态用水（$WE$）、最小生态需水（$WE_{min}$）、水资源利用效率（$WUE$）和水功能区达标率（$RWF$）等基础指标密切相关，同时，它们也是水资源适应性多目标模型决策变量的来源。

### 1. 水资源适应性管理多目标联系的指标体系和量化方法

可持续水资源管理目标的指标体系涉及：国内生产总值（GDP）、人均 GDP 等及与之联系的归一化的"经济增长"指标 $EG$（$T$）；河湖水质评价等级（$WQ$）、河湖生态健康及与之联系的归一化系统"可承载"指标 $LI$（$T$）；发展综合指标测度 $DD=f\,[EG(T), LI(T)]$。

基于"发展综合指标测度（$DD$）"的量化方法是采用模糊隶属度定量描述水资源管理中的可承载能力、经济效益和可持续性以及它们的集成问题的一种集成方法。按照可持续发展含义，不仅要经济增长，而且要保护环境。因此，可以用式 (7) 来量化表达：

$$DD = EG\,(\,T\,)^{\beta_1} LI\,(\,T\,)^{\beta_2} \tag{7}$$

式中：$DD$ 为系统在 $T$ 时段"发展"指标的量化值（无量纲），$DD \in [0,1]$。$\beta_1$、$\beta_2$ 分别为描述"经济增长"的量化值（$EG$）和"可承载"的隶属度（$LI$），可根据考虑的侧重点，给 $\beta_1$、$\beta_2$ 赋值。

$DD$ 作为衡量 $T$ 时段"发展"的一个"尺度"，对于同一系统、同一时段，$DD$ 越大，认为发展程度越高，也就是经济、社会和环境效益越大。因此，可以通过调节内部结构和资源分配等来寻求最优发展途径。

综合发展效益函数（*VDD*）是根据水资源脆弱性 *V* 和发展综合指标测度 *DD* 与适应性管理之间的逻辑关系建立的一个全新函数，它可以将多目标问题简化为单目标问题，其核心是同时考虑经济增长、环境损失和水资源脆弱性因素，即：

$$VDD = \frac{DD}{V} \tag{8}$$

2. 气候变化背景下水资源适应性管理决策的多目标优化模型与方法

水资源适应性管理目标准则可表达为满足某一群多目标的函数集，例如：

目标 1：水资源可持续利用；

目标 2：减少水资源系统脆弱性；

目标 3：成本效益最佳，即：

$$\left. \begin{array}{l} \max \ [f_1(X)] = \max[\sum_{T=1}^{N} DD(T) / N] \\ \min \ [f_2(X)] = \min[\sum_{T=1}^{N} V(T) / N] \\ \max \ [f_3(X)] = \max[\sum_{T=1}^{N} BC(T) / N] \end{array} \right\} \tag{9}$$

或寻求它们的综合目标最大化，即：

$$\max F(X) = \max \{f_1(X), f_2(X), f_3(X)\} \quad s.t. \ X \in S, X \geqslant 0 \tag{10}$$

其中，$X = \{X_1, X_2, \cdots, X_m\}$ 为最优化的决策变量。例如，基于严格水资源管理和生态文明建设目标的调控变量，可选择水资源总量（$X_1$）、水资源效率（$X_2$）、水功能区达标率（$X_3$）、生态需水量（$X_4$）等作为系统适用性水资源管理的调控变量。

模型的约束条件受构成目标函数和各子目标中要素数量和质量的制约，包括水资源供需平衡、社会经济和生态环境保护以及水资源可持续管理等约束条件：

$$\left. \begin{array}{l} LI(T) \geqslant LI(T)_0 \\ V(T) \leqslant V(T)_0 \\ SDDT \geqslant SDDT_0 \\ WU_m \leqslant (WU_m)_{\max} \\ WUE_{m,\min} \leqslant WUE_m \leqslant 1 \\ (QE_{m,i})_{\min} \leqslant QE_{m,i} \end{array} \right\} \tag{11}$$

式中：$LI(T)_0$ 为可承载程度达到某一最低水平；$V(T)_0$ 为水资源脆弱性的最大值；$SDDT$ 为态势隶属度；$SDDT_0$ 为态势隶属度达到某一最低水平；$WU_m$ 为单元天然来水

可利用量；$(WU_m)_{max}$ 为单元天然来水量；$WUE_{m,min}$ 为单元最小水资源利用率；$WUE_m$ 为单元水资源利用率；$(QE_{m,i})_{min}$ 为第 $m$ 流域内河道最小需求流量；$QE_{m,i}$ 为第 $m$ 流域内河道实际流量。

在给定的条件下，可以采用分解协调、非线性规划等方法，通过多目标规划的求解得到最优或者非劣解。另外，由于系统的多目标、多变量和系统约束的复杂性，通常依据实践经验，确定多个可行的方案解集 $X_i=\{X_{i1}，X_{i2}，\cdots，X_{im}\}$（$i=1$，$2$，$\cdots$，$n$）。代入适应性管理系统，分别计算全部解集对应的多目标函数，确定解集的最优解，亦称为非劣解。

依据对未来气候变化情景预估的分析和评价成果，研究选取了最接近中国 2030 年未来减排情况的 RCP4.5 情景，对水资源可能产生的各种影响进行分析，选取其中最不利的组合情景，分析采取不同适应性对策和措施的效果。

结合气候变化背景下的水资源脆弱性分析与适应性调控的系统关系和指标体系，依据国家可持续发展、生态文明建设战略和基于“三条红线”的最严格水资源管理制度，采用可持续水资源管理和减少脆弱性的适应性管理准则，对未来最不利情景下水资源设计了不同的适应性对策措施，内容包括：

(1) 用水总量调控：2030 年全国用水总量不大于 7000 亿 m³，东部季风区各流域用水总量按照各流域规划修编分解的总量控制。

(2) 用水效率调控（农业、工业、生活）：2030 年用水效率达到或接近世界先进水平，万元工业增加值用水量降低到 40m³ 以下，农田灌溉水有效利用系数提高到 0.6 以上。

(3) 水质管理调控：确立水功能区限制纳污红线。到 2030 年，主要污染物入河湖总量控制在水功能区纳污能力范围之内，水功能区水质达标率提高到 95% 以上。

(4) 生态用水调控：河湖生态用水不少于水资源规划的最小生态需水量，2030 年前逐步提高河湖生态用水的保证率。

分别和组合对下述 15 个方案实施调控的管理目标与效果进行评估分析，以选取最优决策。调控决策设计组合如下：

方案 1：总量调控（其他不变）；

方案 2：用水效率调控（其他不变）；

方案 3：水功能区调控（其他不变）；

方案 4：生态需水调控（其他不变）；

方案 5：总量调控 + 用水效率调控（其他不变）；

方案 6：总量调控 + 水功能区调控（其他不变）；

方案 7：总量调控 + 生态需水调控（其他不变）；

方案 8：用水效率调控 + 水功能区调控（其他不变）；

方案 9：用水效率调控 + 生态需水调控（其他不变）；

方案 10：水功能区调控 + 生态需水调控（其他不变）；

方案 11：总量调控 + 用水效率调控 + 水功能区调控（其他不变）；

方案 12：总量调控 + 用水效率调控 + 生态需水调控（其他不变）；

方案 13：用水效率调控 + 水功能区调控 + 生态需水调控（其他不变）；

方案 14：总量调控 + 水功能区调控 + 生态需水调控（其他不变）；

方案 15：总量调控 + 用水效率调控 + 水功能区调控 + 生态需水调控。

本图集针对 2000 年水资源现状条件和未来气候变化的最不利水资源脆弱性，采取适应性管理的不同决策情景，分析评估其效果（水资源脆弱性）和效益（发展综合指标测度），即以 2000 年的现状条件作为基准年的状况，以不同的气候情景作为未来情景，分析评估其效果和效益。

## 六、港澳台地区资料

本图集所使用的资料和统计结果除图 2-1、图 2-2 和附图 1~附图 3 外，均未包含香港特别行政区、澳门特别行政区和台湾省的资料与数据。

## 七、项目资助

本图集由国家重点基础研究发展计划（973 计划）项目"气候变化对我国东部季风区陆地水循环与水资源安全的影响及适应对策"（2010CB428400）资助完成，其中，涉及西北片区的部分图也得到了"干旱半干旱区生态系统和水资源脆弱性评估及风险预估"（2012CB956204）课题的资助。

# 目 录

序

前言

图集要素及有关说明

## （六）未来气候变化条件下水资源脆弱性 /40

## 五、东部季风区八大流域应对气候变化水资源适应性调控效果图 / 51

### （一）现状条件下要素和发展综合指标测度及适应方案调控 /52

## （二）未来情景下要素和发展综合指标测度及适应方案调控 /76

## 六、实例研究——南水北调中线调水工程水资源脆弱性图 与适应性管理效果图 / 101

## 附图　东部季风区 1960 — 2012 年基本气象要素图 / 109

# 一、东部季风区八大流域地理位置图

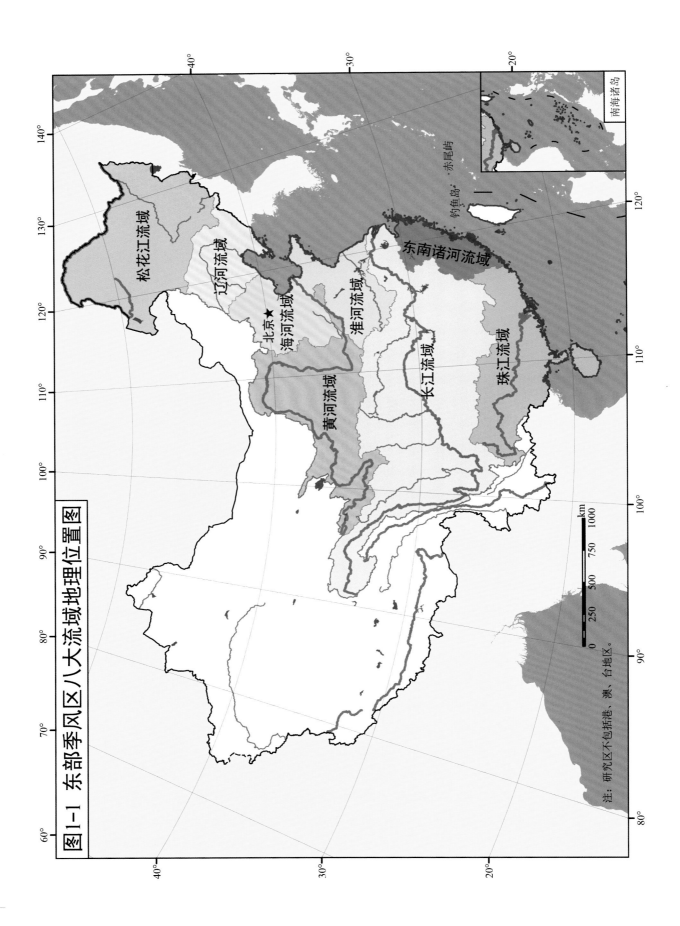

图1-1　东部季风区八大流域地理位置图

# 二、东部季风区八大流域水循环要素图

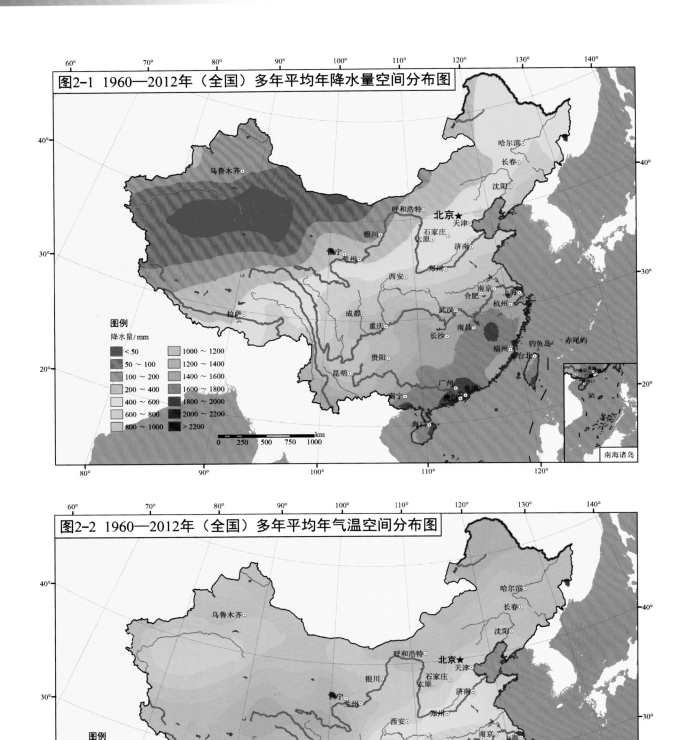

图2-1　1960—2012年（全国）多年平均年降水量空间分布图

图例
降水量/mm
< 50
50 ~ 100
100 ~ 200
200 ~ 400
400 ~ 600
600 ~ 800
800 ~ 1000
1000 ~ 1200
1200 ~ 1400
1400 ~ 1600
1600 ~ 1800
1800 ~ 2000
2000 ~ 2200
> 2200

南海诸岛

图2-2　1960—2012年（全国）多年平均年气温空间分布图

图例
温度/℃
< -25
-25 ~ -20
-20 ~ -15
-15 ~ -12.5
-12.5 ~ -10
-10 ~ -7.5
-7.5 ~ -5
-5 ~ -2.5
-2.5 ~ 0
0 ~ 2.5
2.5 ~ 5
5 ~ 7.5
7.5 ~ 10
10 ~ 12.5
12.5 ~ 15
15 ~ 17.5
17.5 ~ 20
20 ~ 22.5
22.5 ~ 25
25 ~ 27.5
27.5 ~ 30
> 30

南海诸岛

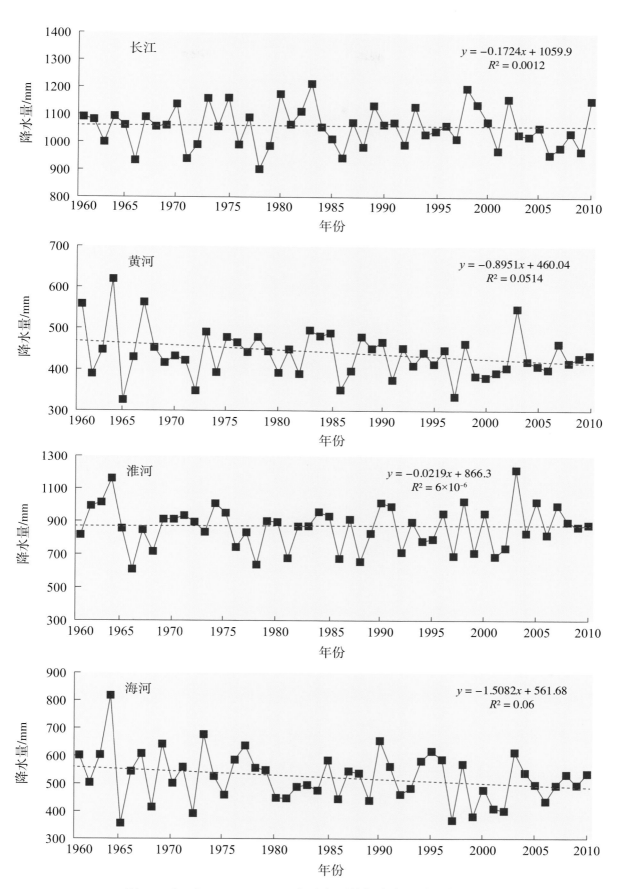

图 2-3（一）　1961—2010 年多年平均年降水量时间变化图

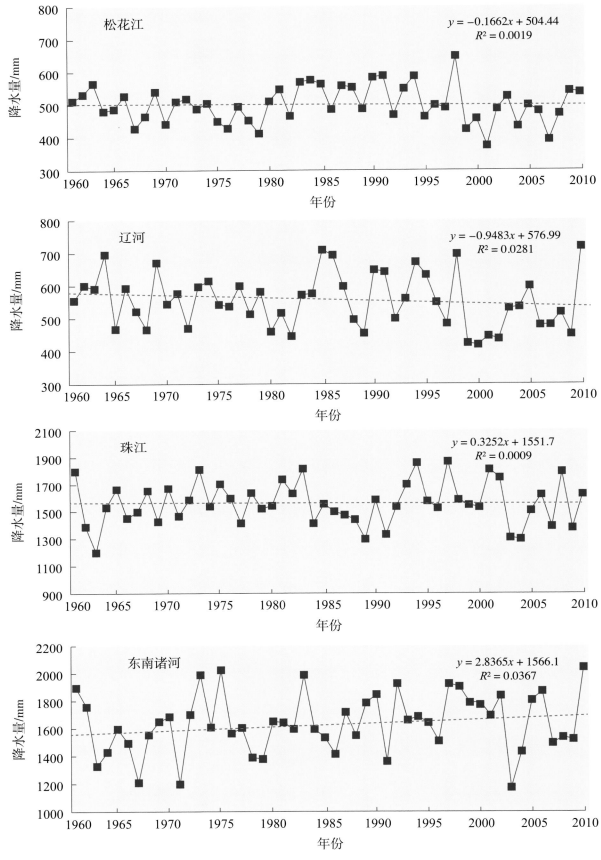

图 2-3（二）　1961 — 2010 年多年平均年降水量时间变化图

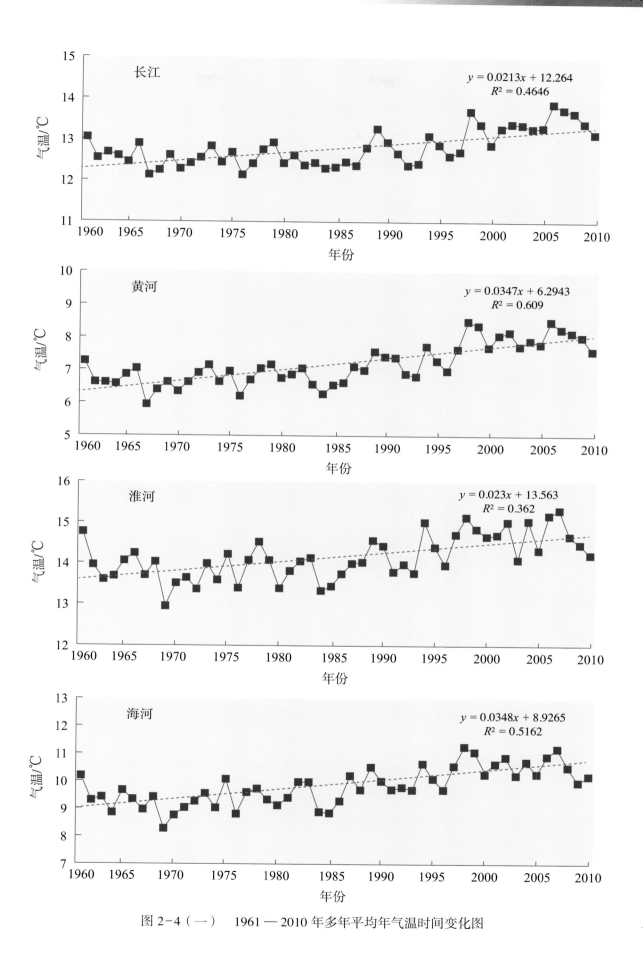

图 2-4（一） 1961—2010 年多年平均年气温时间变化图

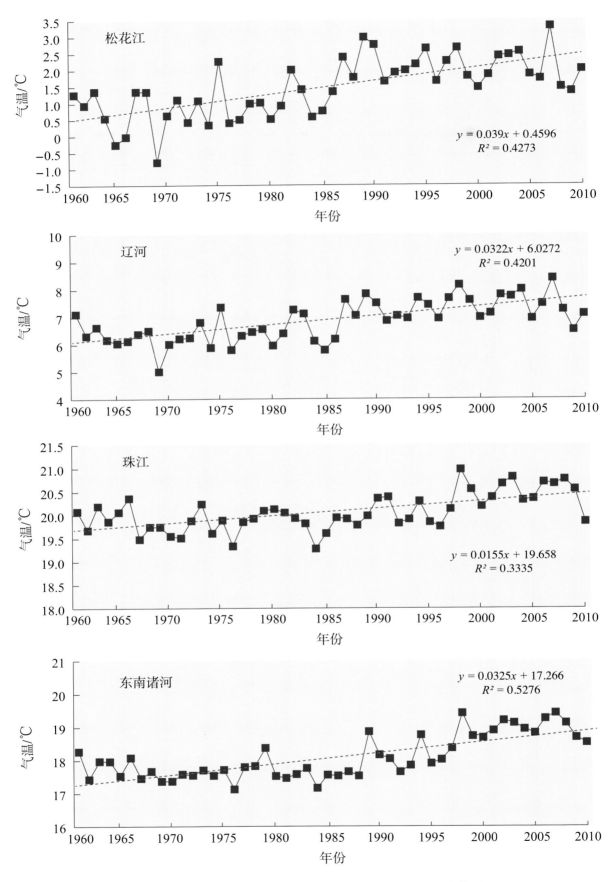

图 2-4（二）　1961—2010 年多年平均年气温时间变化图

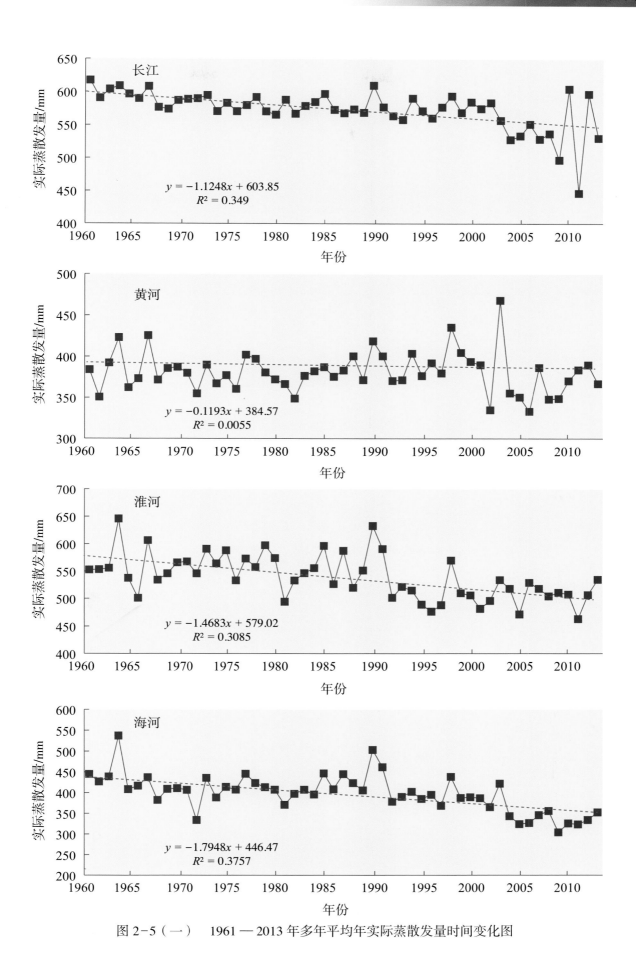

图 2-5（一） 1961—2013 年多年平均年实际蒸散发量时间变化图

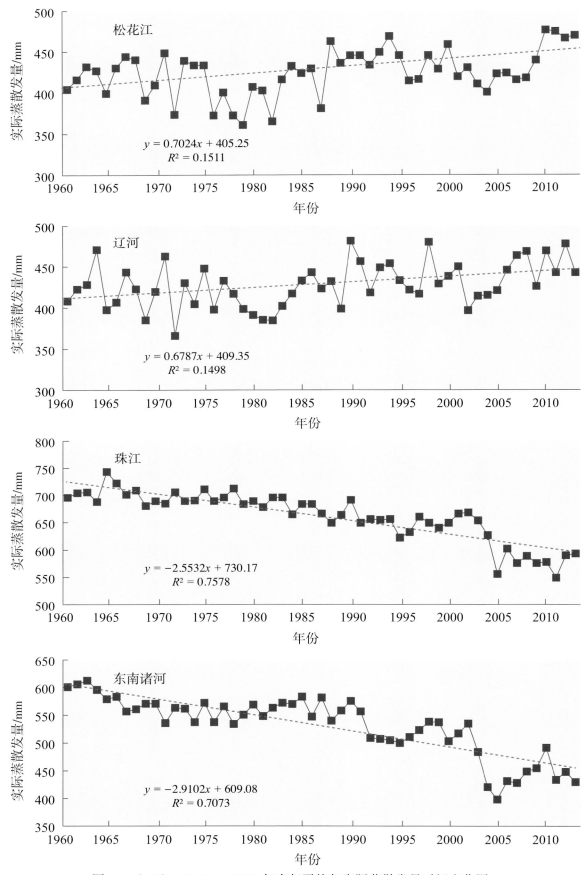

图 2-5（二）　1961 — 2013 年多年平均年实际蒸散发量时间变化图

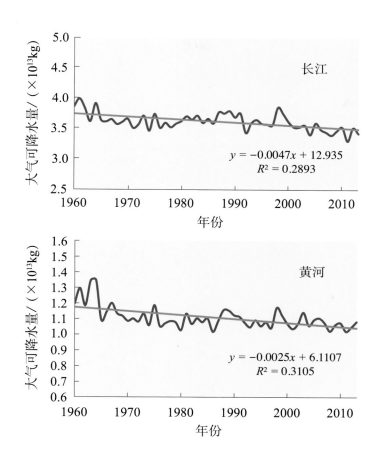

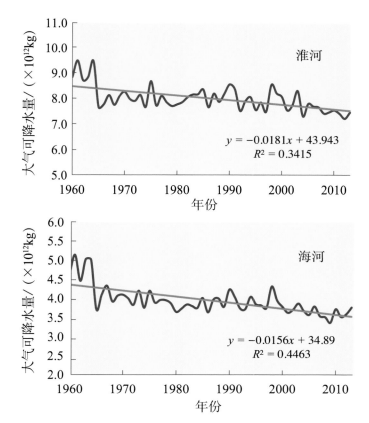

图 2-6（一） 1960 — 2013 年多年平均年大气可降水量时间变化图

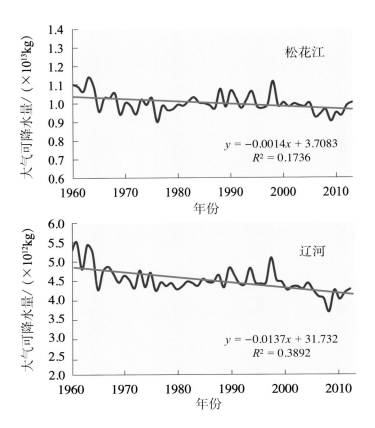

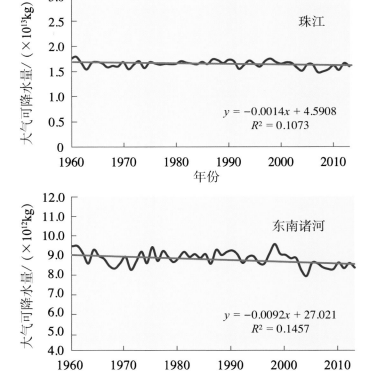

图 2-6（二）　1960 — 2013 年多年平均年大气可降水量时间变化图

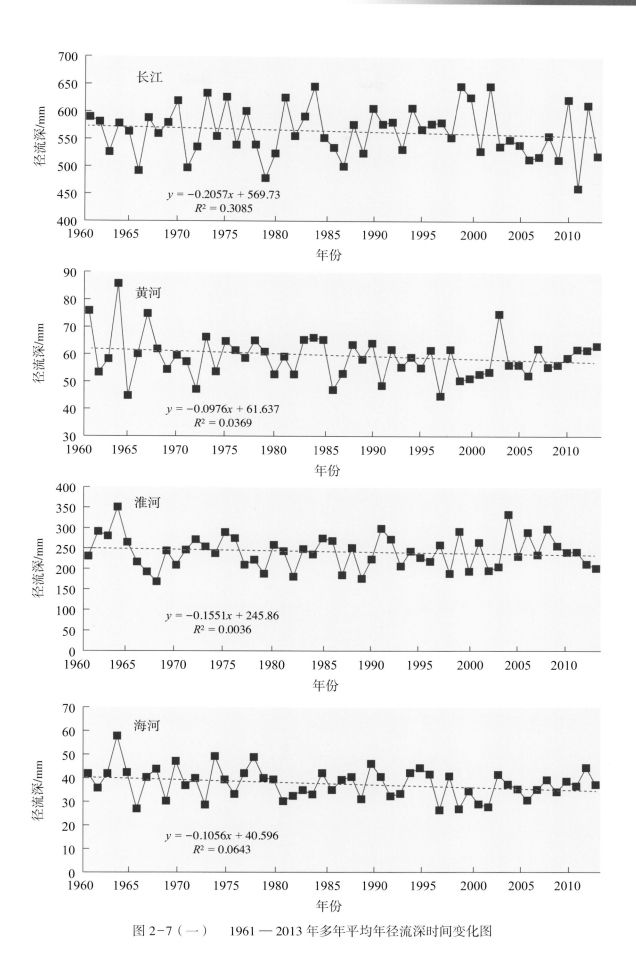

图 2-7（一）　　1961—2013 年多年平均年径流深时间变化图

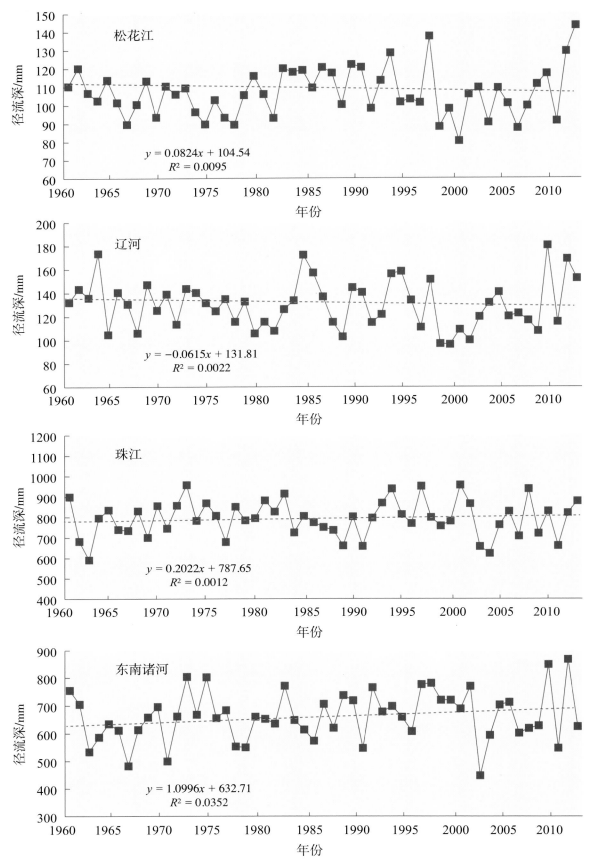

图 2-7（二）　1961 — 2013 年多年平均年径流深时间变化图

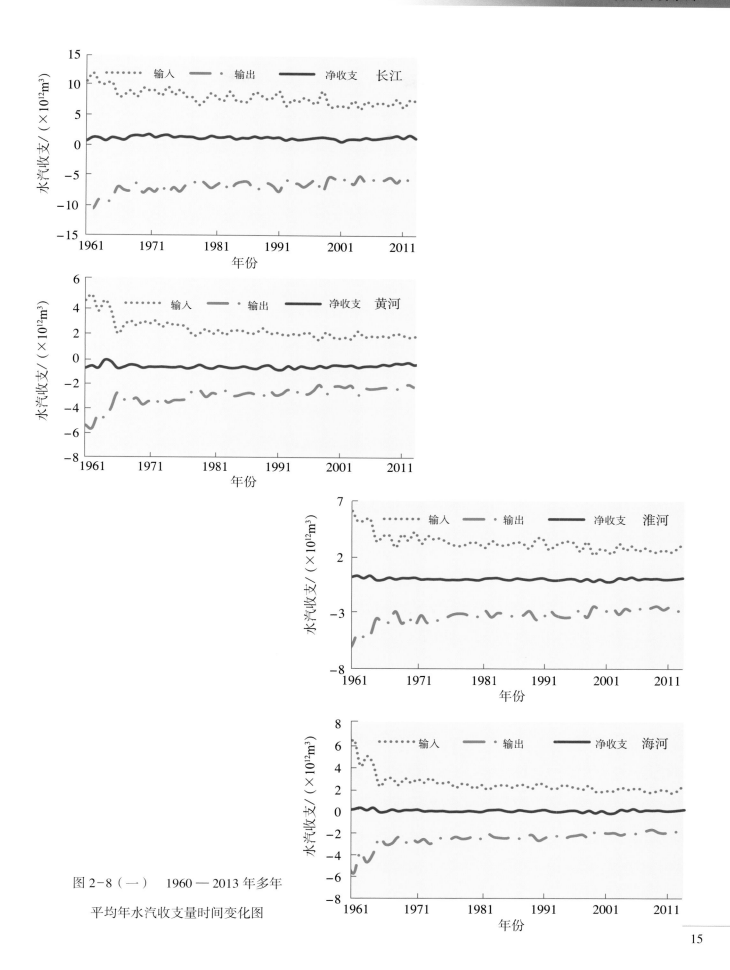

图 2-8（一） 1960—2013 年多年平均年水汽收支量时间变化图

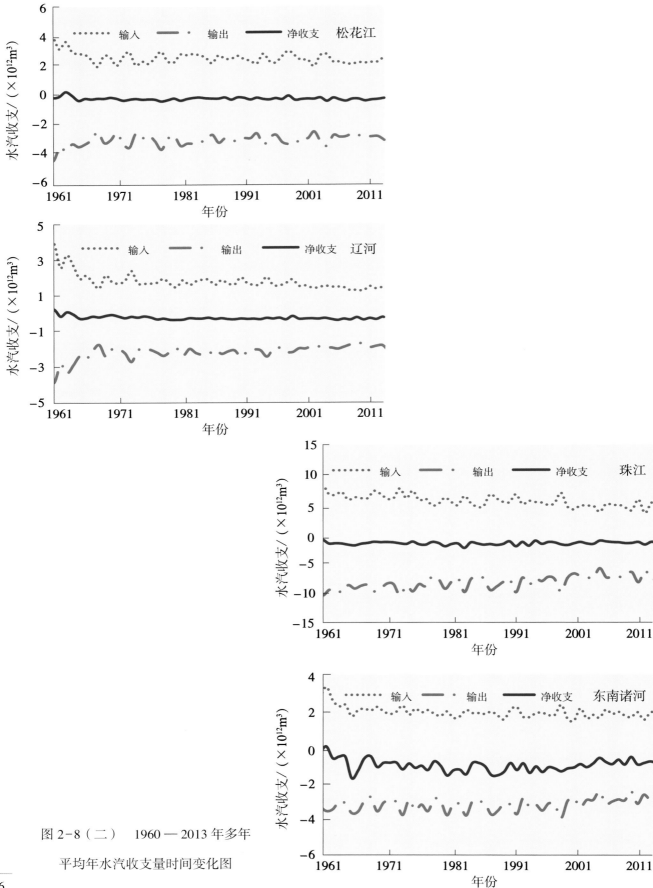

图 2-8（二）　1960 — 2013 年多年
平均年水汽收支量时间变化图

# 三、东部季风区八大流域水资源现状与供需关系图

# （一）水资源现状

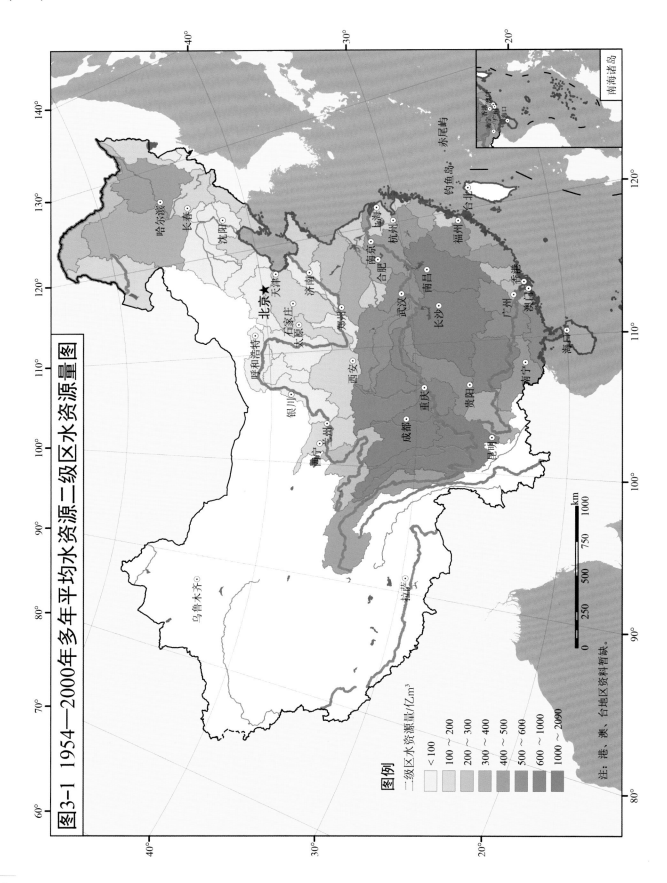

图3-1　1954—2000年多年平均水资源二级区水资源量图

图例

二级区水资源量/亿m³

- <100
- 100～200
- 200～300
- 300～400
- 400～500
- 500～600
- 600～1000
- 1000～2090

注：港、澳、台地区资料暂缺。

## （二）2000 年用水现状

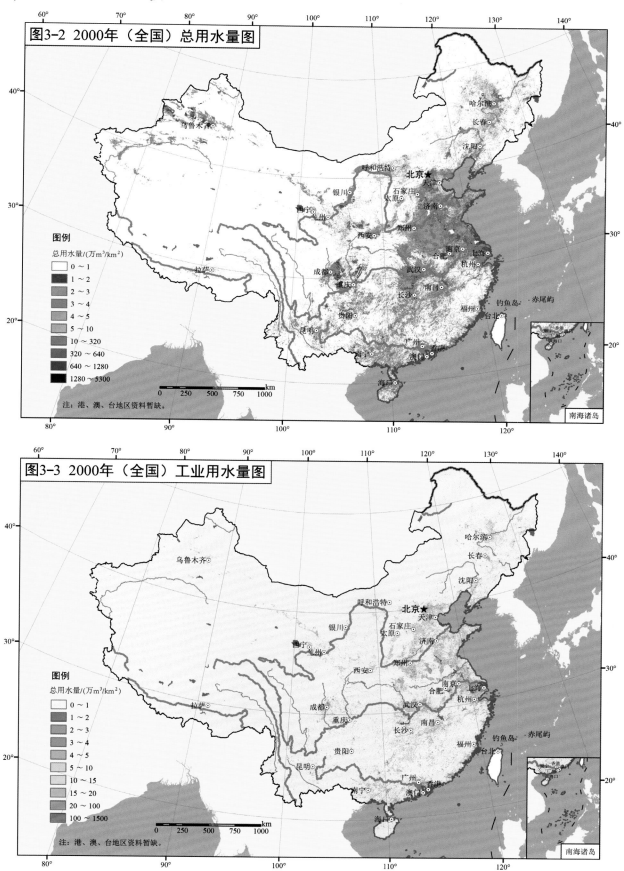

图3-2 2000年（全国）总用水量图

图例

总用水量/（万m³/km²）

- 0～1
- 1～2
- 2～3
- 3～4
- 4～5
- 5～10
- 10～320
- 320～640
- 640～1280
- 1280～5300

注：港、澳、台地区资料暂缺。

南海诸岛

图3-3 2000年（全国）工业用水量图

图例

总用水量/（万m³/km²）

- 0～1
- 1～2
- 2～3
- 3～4
- 4～5
- 5～10
- 10～15
- 15～20
- 20～100
- 100～1500

注：港、澳、台地区资料暂缺。

南海诸岛

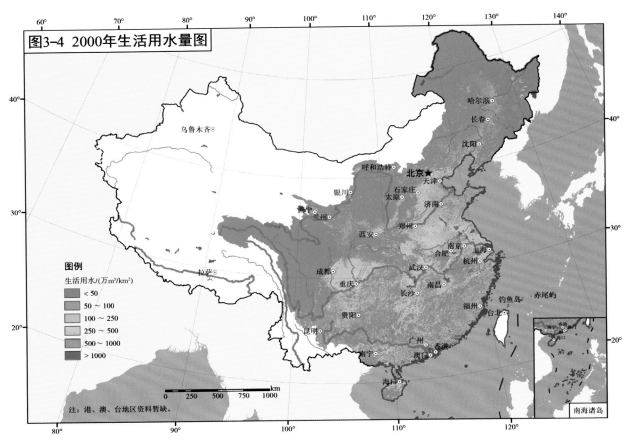

图3-4 2000年生活用水量图

（三）2000 年人口与经济现状

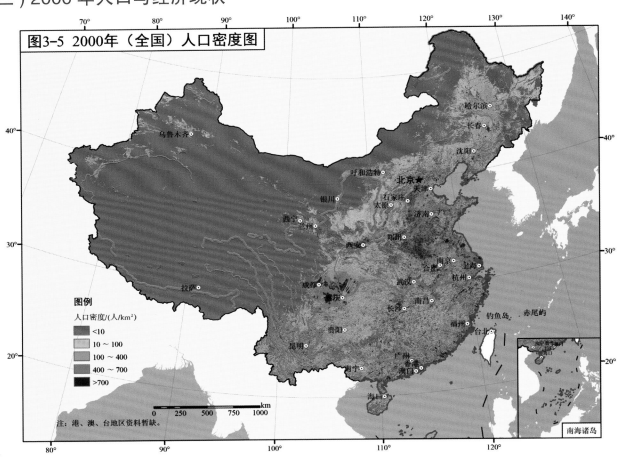

图3-5 2000年（全国）人口密度图

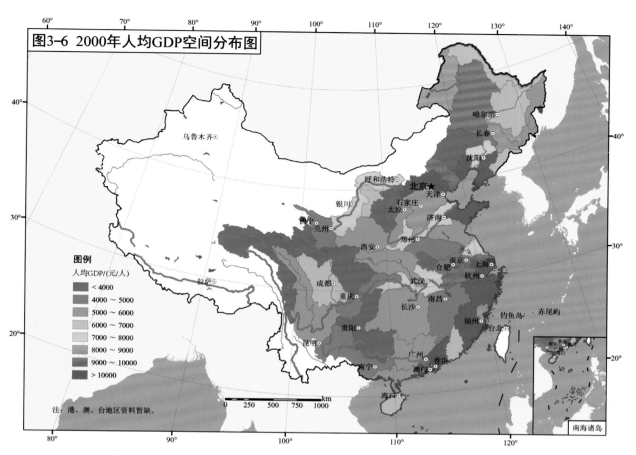

图3-6 2000年人均GDP空间分布图

**（四）2000年人均可利用水资源量**

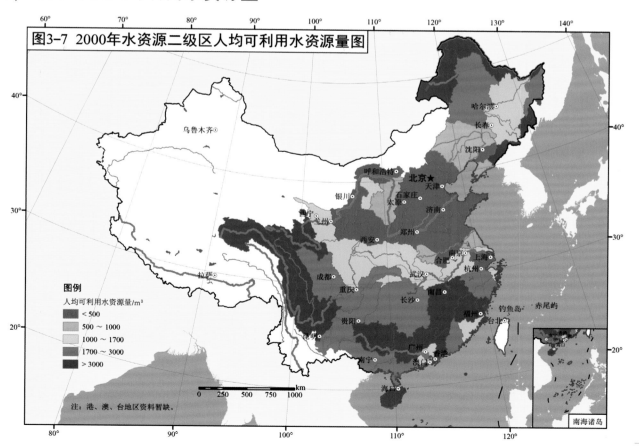

图3-7 2000年水资源二级区人均可利用水资源量图

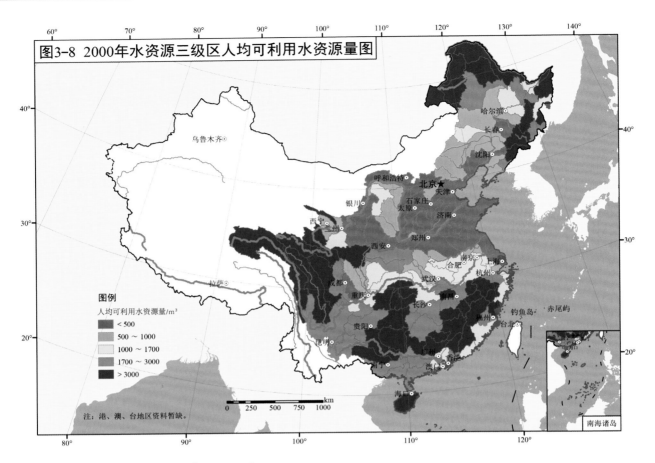

图3-8　2000年水资源三级区人均可利用水资源量图

注：港、澳、台地区资料暂缺。

## （五）2000年水资源开发利用率

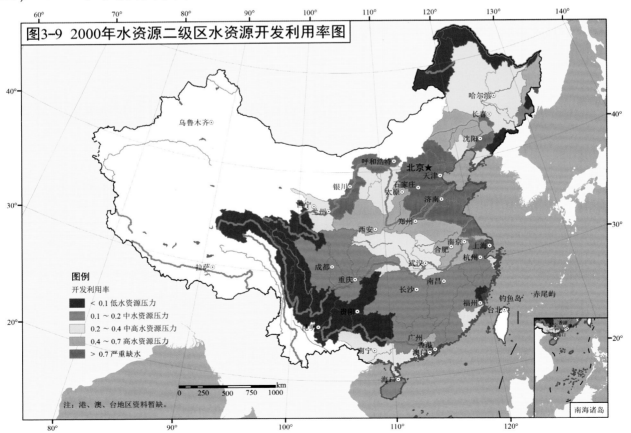

图3-9　2000年水资源二级区水资源开发利用率图

注：港、澳、台地区资料暂缺。

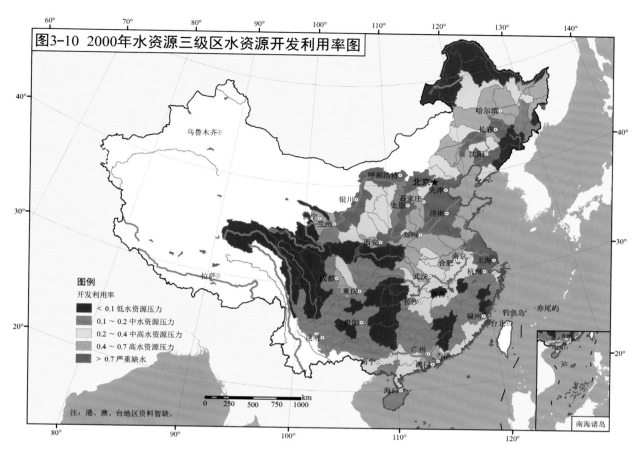

图3-10 2000年水资源三级区水资源开发利用率图

图例
开发利用率
< 0.1 低水资源压力
0.1～0.2 中水资源压力
0.2～0.4 中高水资源压力
0.4～0.7 高水资源压力
> 0.7 严重缺水

注：港、澳、台地区资料暂缺。

## （六）2000年百万立方米水承载人口数

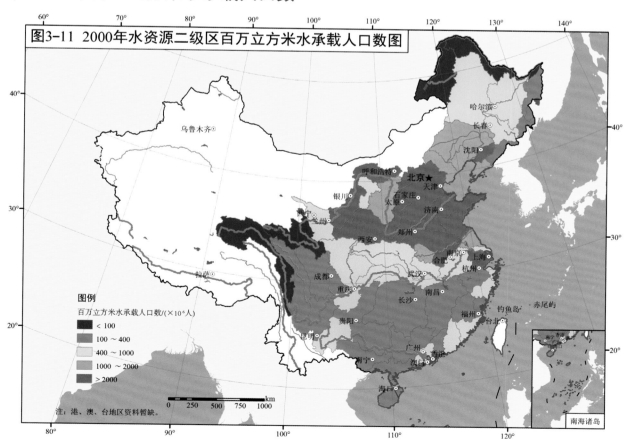

图3-11 2000年水资源二级区百万立方米水承载人口数图

图例
百万立方米水承载人口数/(×10⁶人)
< 100
100～400
400～1000
1000～2000
> 2000

注：港、澳、台地区资料暂缺。

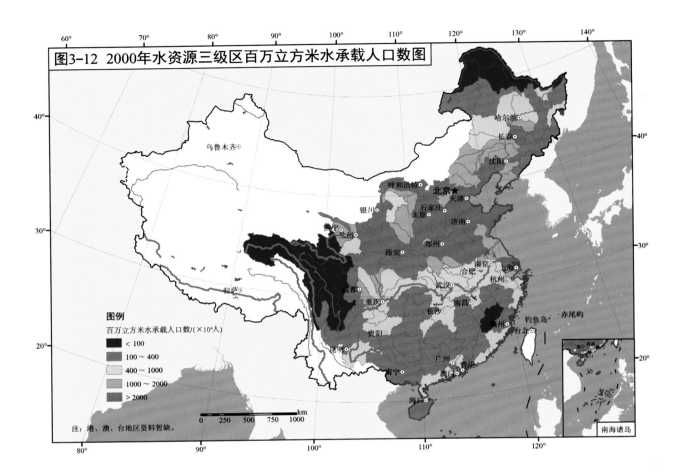

图3-12　2000年水资源三级区百万立方米水承载人口数图

图例

百万立方米水承载人口数/(×10⁶人)

< 100
100～400
400～1000
1000～2000
>2000

注：港、澳、台地区资料暂缺。

# 四、东部季风区八大流域水资源脆弱性图

# （一）现状水资源抗压性

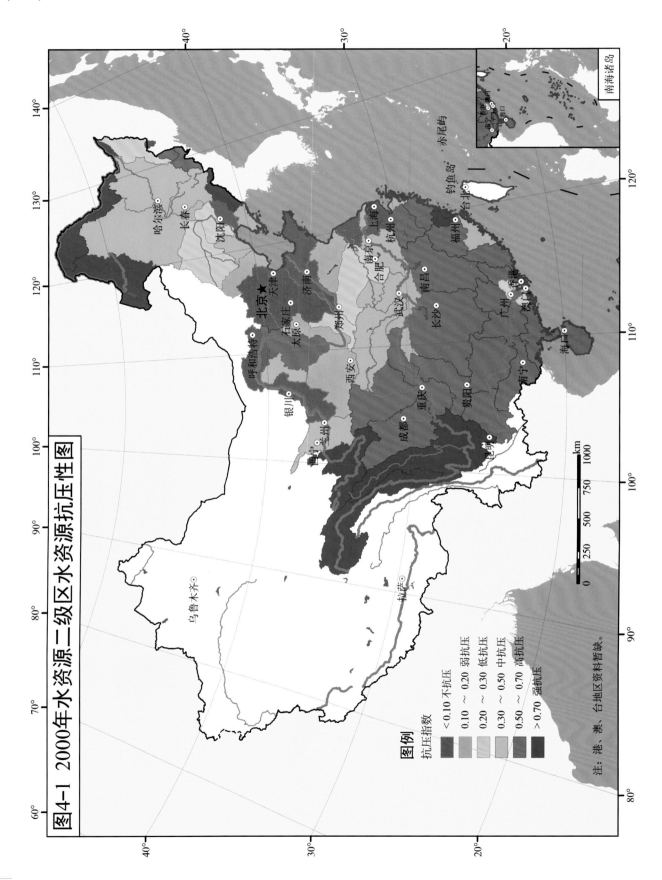

图4-1　2000年水资源二级区水资源抗压性图

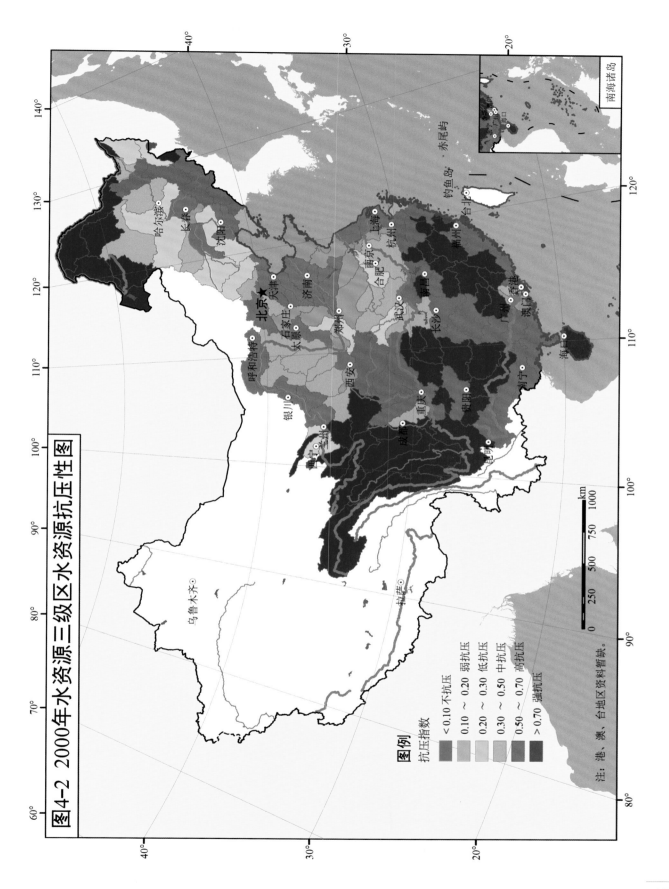

图4-2 2000年水资源三级区水资源抗压性图

图例

抗压指数
<0.10 不抗压
0.10 ~ 0.20 弱抗压
0.20 ~ 0.30 低抗压
0.30 ~ 0.50 中抗压
0.50 ~ 0.70 高抗压
>0.70 强抗压

注：港、澳、台地区资料暂缺。

## （二）考虑敏感性的水资源脆弱性

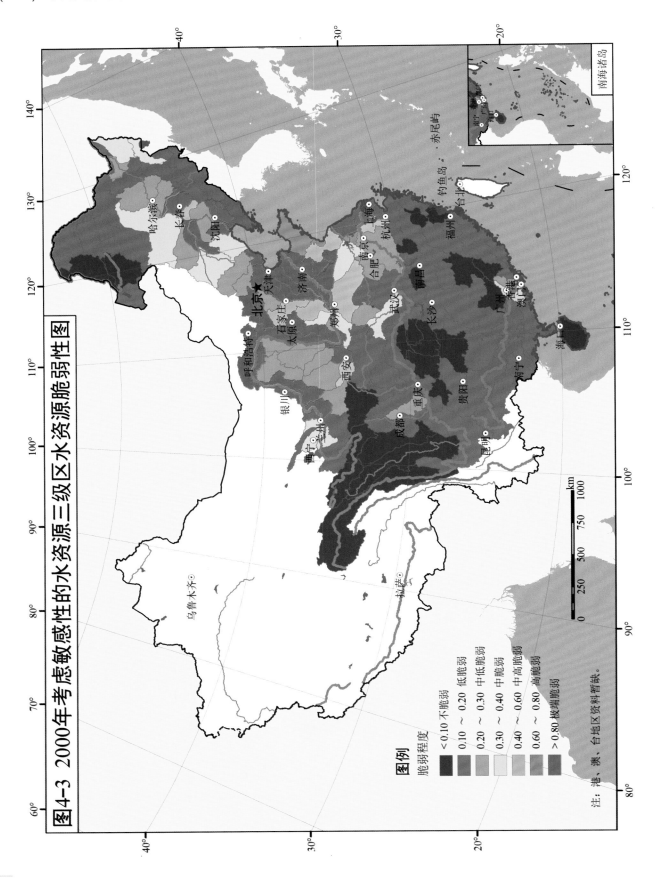

图4-3　2000年考虑敏感性的水资源三级区水资源脆弱性图

**图例**

脆弱程度

< 0.10　不脆弱
0.10 ～ 0.20　低脆弱
0.20 ～ 0.30　中低脆弱
0.30 ～ 0.40　中脆弱
0.40 ～ 0.60　中高脆弱
0.60 ～ 0.80　高脆弱
> 0.80　极端脆弱

注：港、澳、台地区资料暂缺。

（三）叠加暴露度的水资源脆弱性

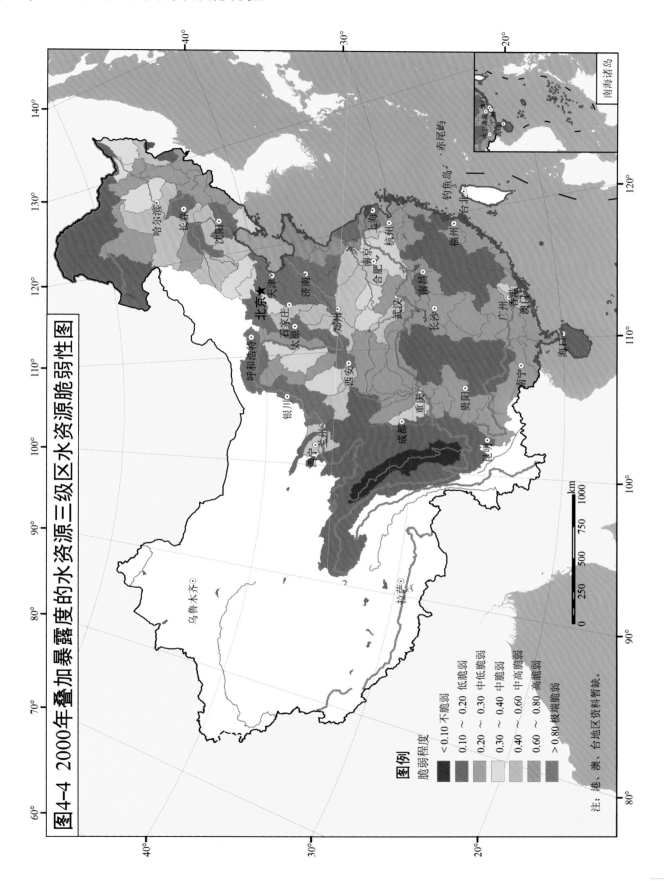

图4-4 2000年叠加暴露度的水资源三级区水资源脆弱性图

图例

脆弱程度
< 0.10 不脆弱
0.10 ~ 0.20 低脆弱
0.20 ~ 0.30 中低脆弱
0.30 ~ 0.40 中脆弱
0.40 ~ 0.60 中高脆弱
0.60 ~ 0.80 高脆弱
> 0.80 极端脆弱

注：港、澳、台地区资料暂缺。

## （四）叠加旱灾概率的水资源脆弱性

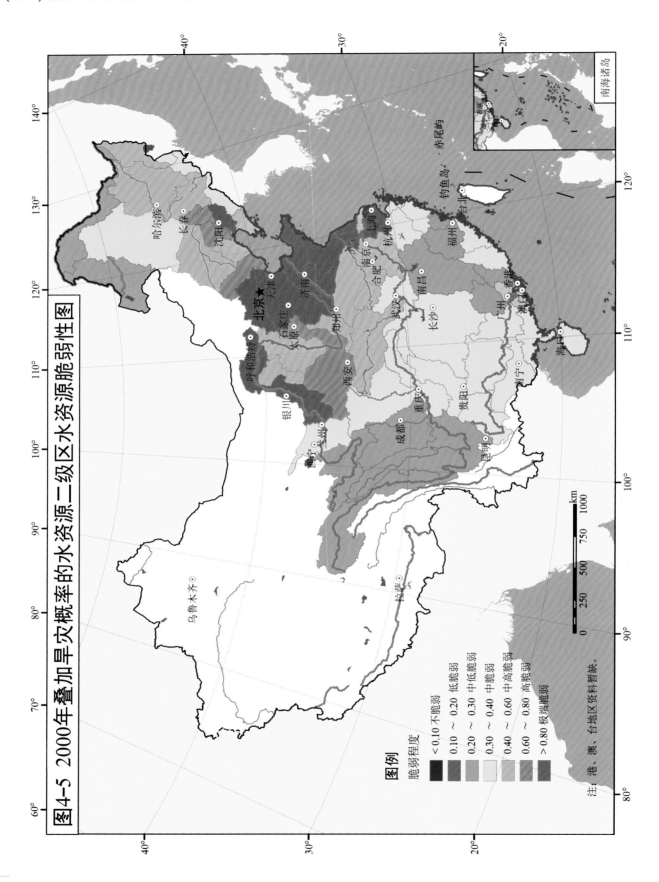

图4-5 2000年叠加旱灾概率的水资源二级区水资源脆弱性图

**图例**

脆弱程度

| | |
|---|---|
| < 0.10 | 不脆弱 |
| 0.10 ~ 0.20 | 低脆弱 |
| 0.20 ~ 0.30 | 中低脆弱 |
| 0.30 ~ 0.40 | 中脆弱 |
| 0.40 ~ 0.60 | 中高脆弱 |
| 0.60 ~ 0.80 | 高脆弱 |
| > 0.80 | 极端脆弱 |

注：港、澳、台地区资料暂缺。

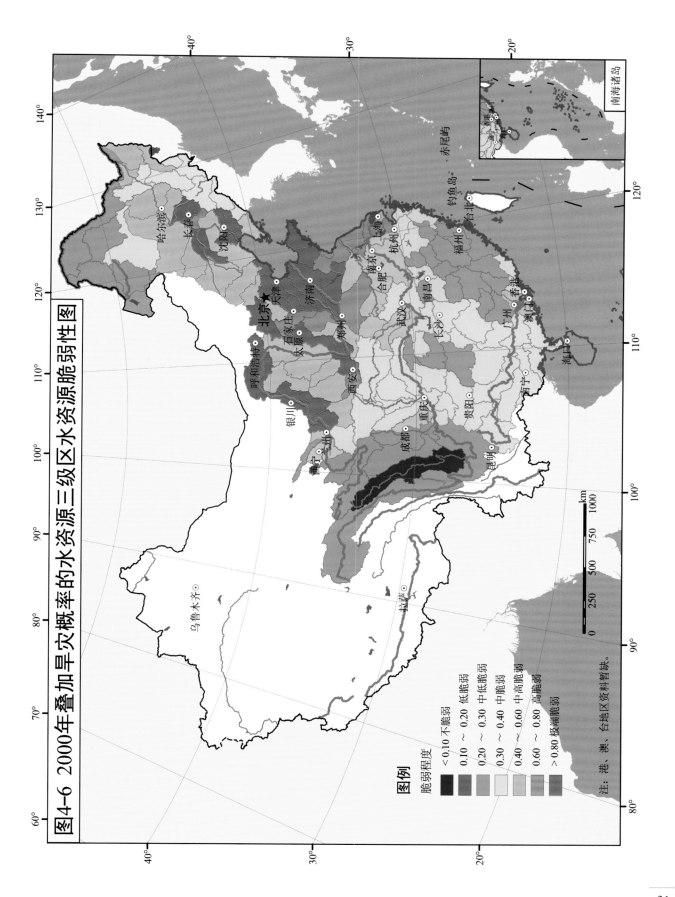

图4-6 2000年叠加旱灾概率的水资源三级区水资源脆弱性图

图例

脆弱程度

< 0.10 不脆弱
0.10 ~ 0.20 低脆弱
0.20 ~ 0.30 中低脆弱
0.30 ~ 0.40 中脆弱
0.40 ~ 0.60 中高脆弱
0.60 ~ 0.80 高脆弱
> 0.80 极端脆弱

注：港、澳、台地区资料暂缺。

南海诸岛

# （五）现状水资源脆弱性

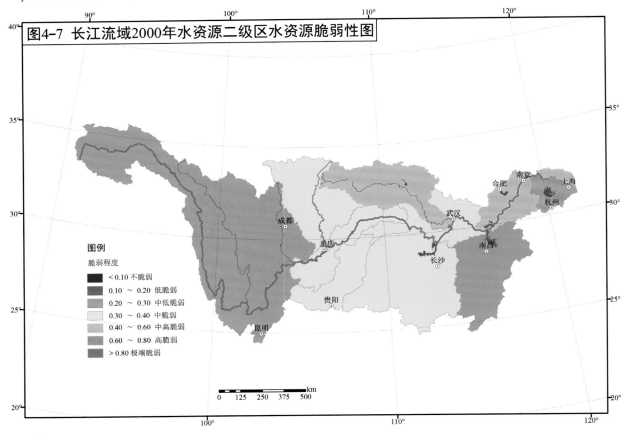

图4-7　长江流域2000年水资源二级区水资源脆弱性图

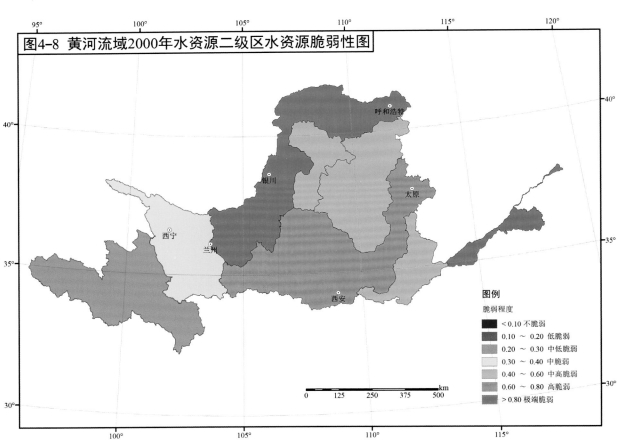

图4-8　黄河流域2000年水资源二级区水资源脆弱性图

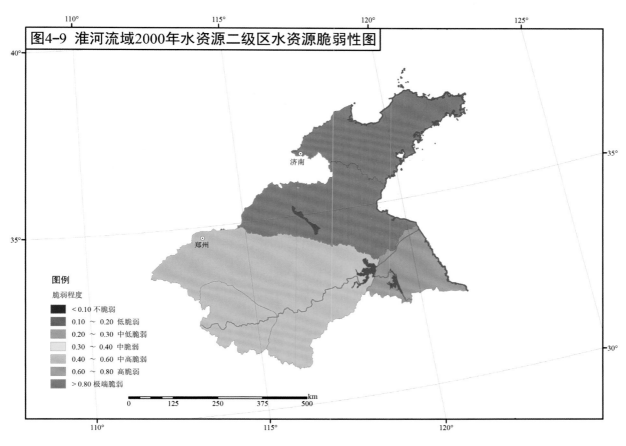

图4-9 淮河流域2000年水资源二级区水资源脆弱性图

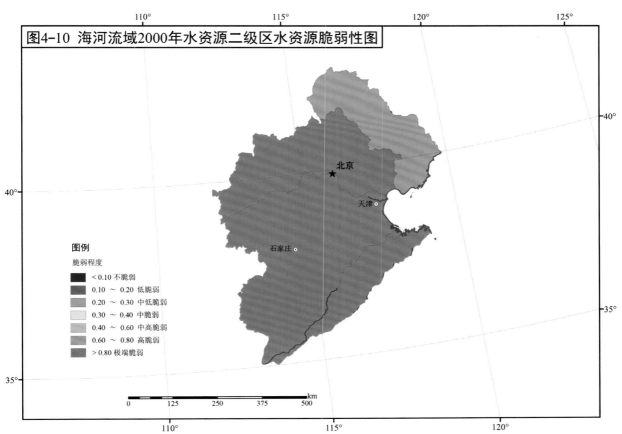

图4-10 海河流域2000年水资源二级区水资源脆弱性图

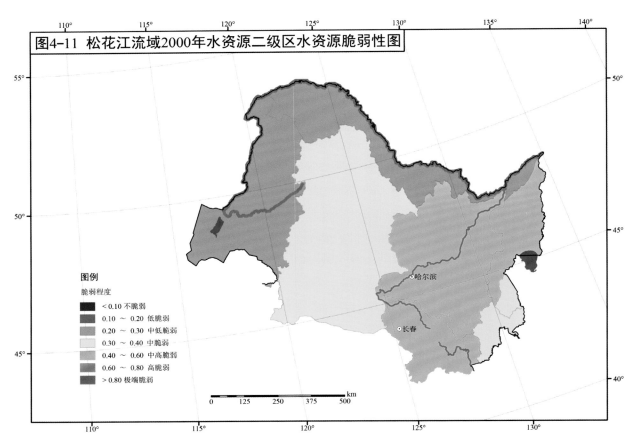

图4-11　松花江流域2000年水资源二级区水资源脆弱性图

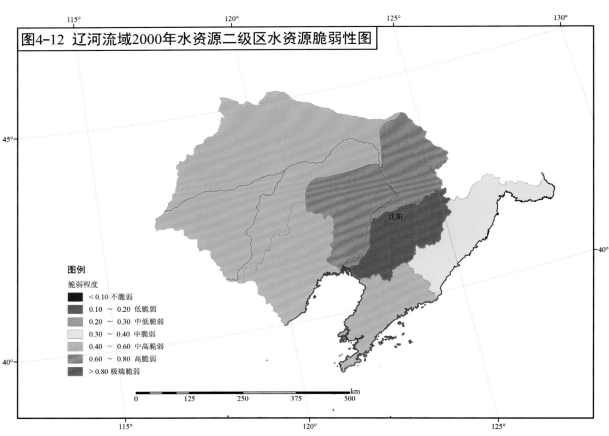

图4-12　辽河流域2000年水资源二级区水资源脆弱性图

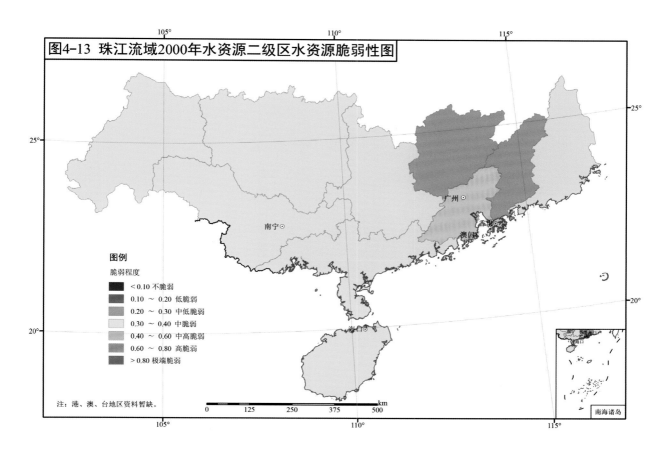

图4-13 珠江流域2000年水资源二级区水资源脆弱性图

图例

脆弱程度

< 0.10 不脆弱
0.10 ~ 0.20 低脆弱
0.20 ~ 0.30 中低脆弱
0.30 ~ 0.40 中脆弱
0.40 ~ 0.60 中高脆弱
0.60 ~ 0.80 高脆弱
> 0.80 极端脆弱

注：港、澳、台地区资料暂缺。

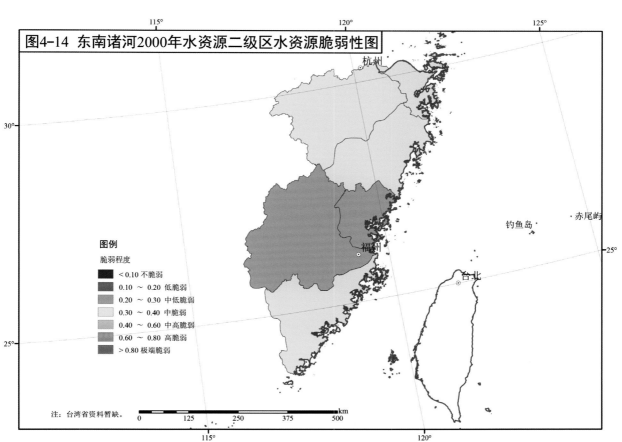

图4-14 东南诸河2000年水资源二级区水资源脆弱性图

图例

脆弱程度

< 0.10 不脆弱
0.10 ~ 0.20 低脆弱
0.20 ~ 0.30 中低脆弱
0.30 ~ 0.40 中脆弱
0.40 ~ 0.60 中高脆弱
0.60 ~ 0.80 高脆弱
> 0.80 极端脆弱

注：台湾省资料暂缺。

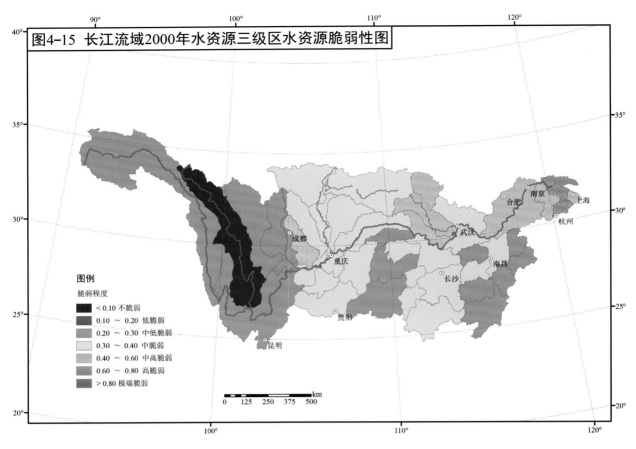

图4-15　长江流域2000年水资源三级区水资源脆弱性图

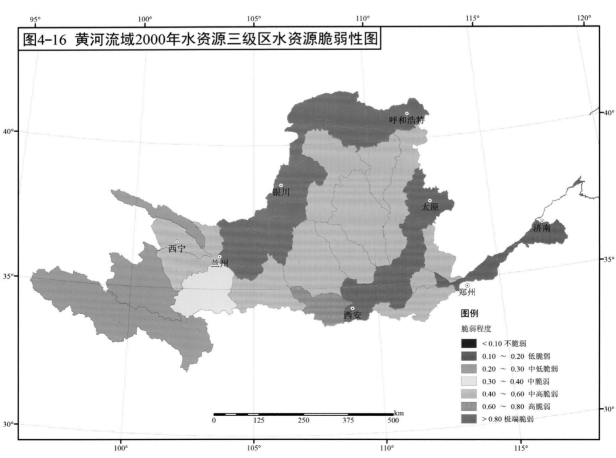

图4-16　黄河流域2000年水资源三级区水资源脆弱性图

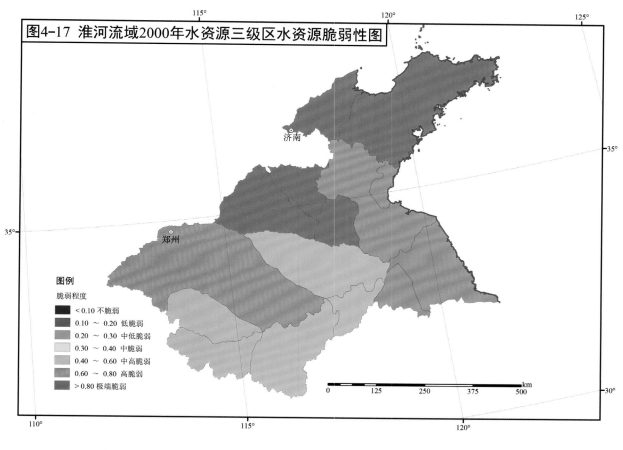

图4-17 淮河流域2000年水资源三级区水资源脆弱性图

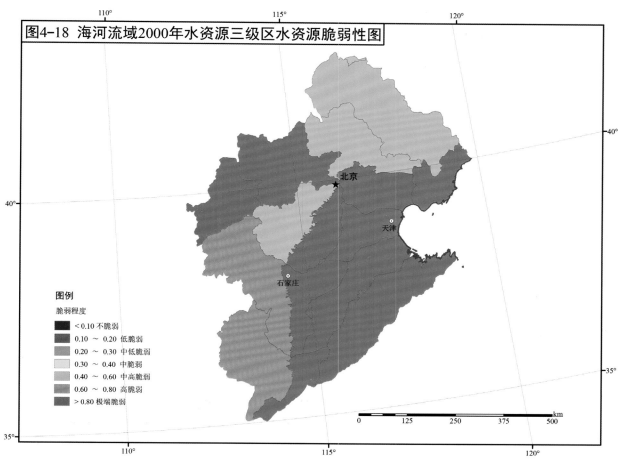

图4-18 海河流域2000年水资源三级区水资源脆弱性图

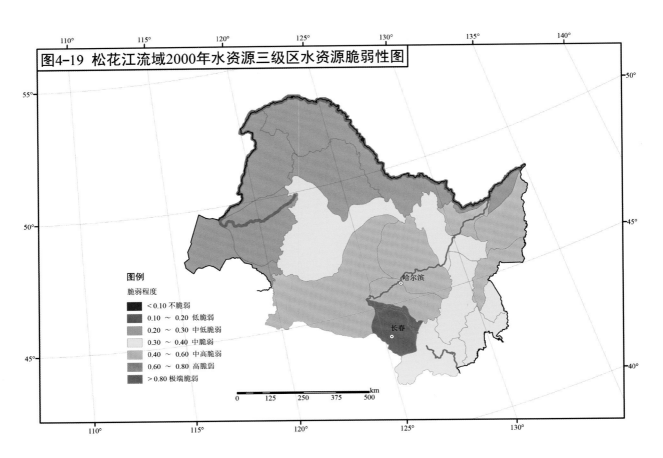

图4-19 松花江流域2000年水资源三级区水资源脆弱性图

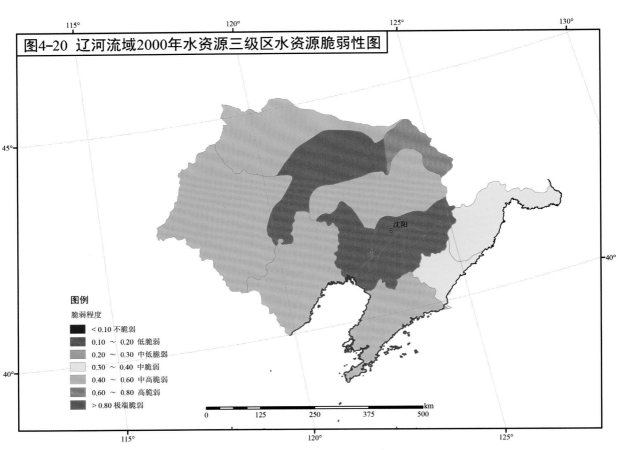

图4-20 辽河流域2000年水资源三级区水资源脆弱性图

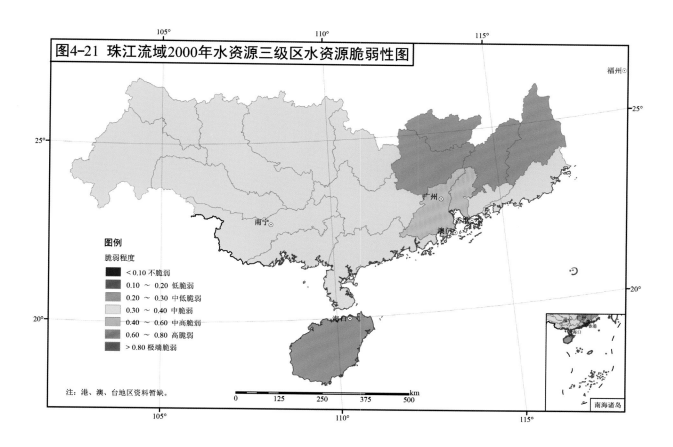

图4-21 珠江流域2000年水资源三级区水资源脆弱性图

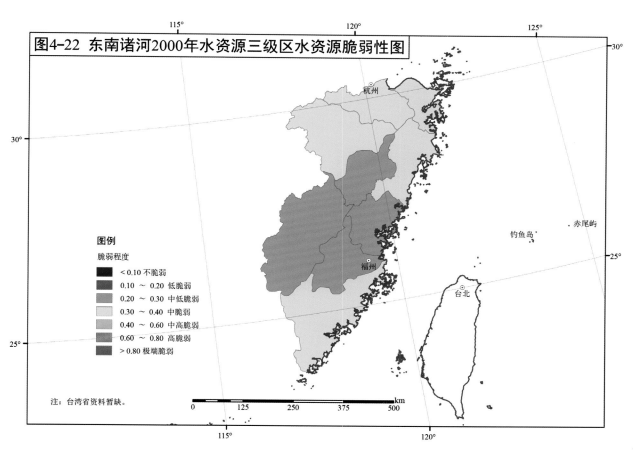

图4-22 东南诸河2000年水资源三级区水资源脆弱性图

## （六）未来气候变化条件下水资源脆弱性

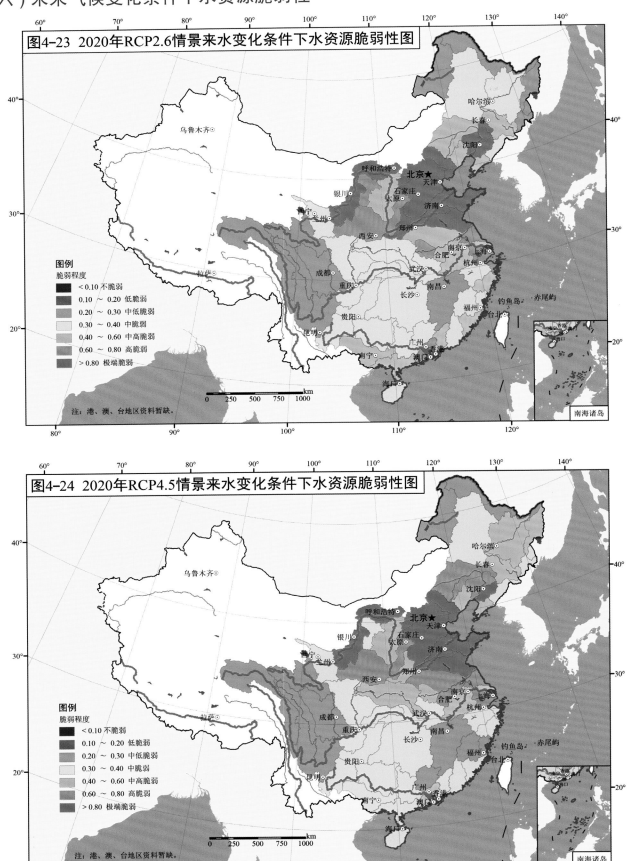

图4-23  2020年RCP2.6情景来水变化条件下水资源脆弱性图

图4-24  2020年RCP4.5情景来水变化条件下水资源脆弱性图

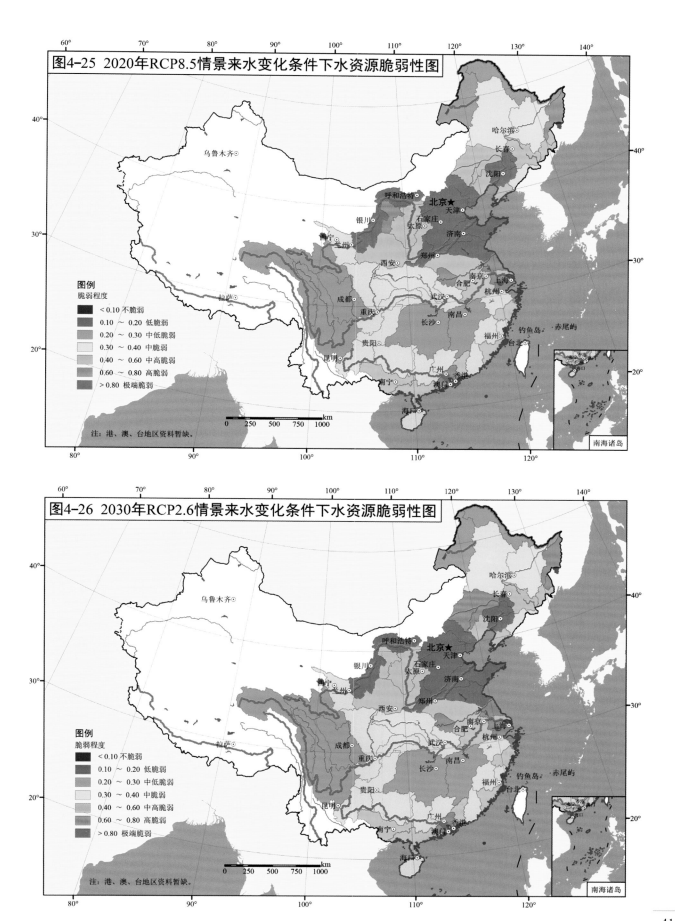

图4-25 2020年RCP8.5情景来水变化条件下水资源脆弱性图

**图例**
脆弱程度
- < 0.10 不脆弱
- 0.10 ~ 0.20 低脆弱
- 0.20 ~ 0.30 中低脆弱
- 0.30 ~ 0.40 中脆弱
- 0.40 ~ 0.60 中高脆弱
- 0.60 ~ 0.80 高脆弱
- > 0.80 极端脆弱

注：港、澳、台地区资料暂缺。

图4-26 2030年RCP2.6情景来水变化条件下水资源脆弱性图

**图例**
脆弱程度
- < 0.10 不脆弱
- 0.10 ~ 0.20 低脆弱
- 0.20 ~ 0.30 中低脆弱
- 0.30 ~ 0.40 中脆弱
- 0.40 ~ 0.60 中高脆弱
- 0.60 ~ 0.80 高脆弱
- > 0.80 极端脆弱

注：港、澳、台地区资料暂缺。

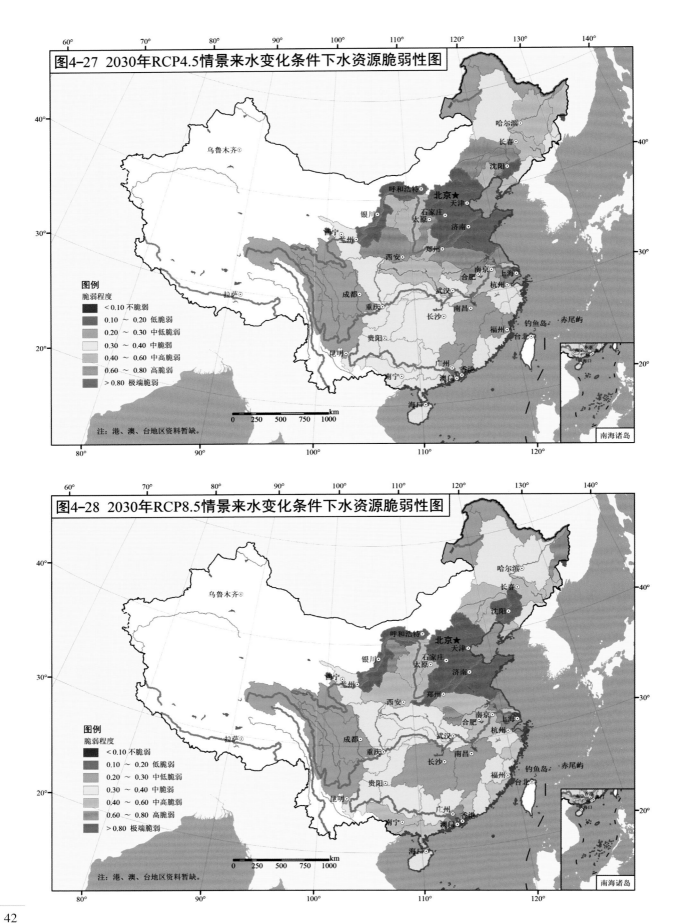

图4-27　2030年RCP4.5情景来水变化条件下水资源脆弱性图

图例
脆弱程度
< 0.10 不脆弱
0.10 ～ 0.20 低脆弱
0.20 ～ 0.30 中低脆弱
0.30 ～ 0.40 中脆弱
0.40 ～ 0.60 中高脆弱
0.60 ～ 0.80 高脆弱
> 0.80 极端脆弱

注：港、澳、台地区资料暂缺。

南海诸岛

图4-28　2030年RCP8.5情景来水变化条件下水资源脆弱性图

图例
脆弱程度
< 0.10 不脆弱
0.10 ～ 0.20 低脆弱
0.20 ～ 0.30 中低脆弱
0.30 ～ 0.40 中脆弱
0.40 ～ 0.60 中高脆弱
0.60 ～ 0.80 高脆弱
> 0.80 极端脆弱

注：港、澳、台地区资料暂缺。

南海诸岛

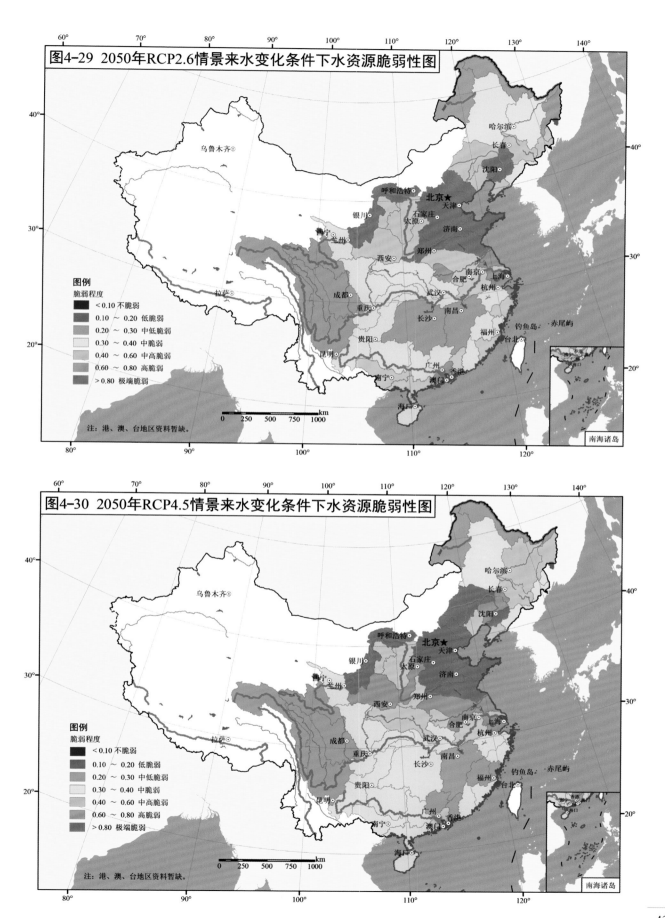

图4-29 2050年RCP2.6情景来水变化条件下水资源脆弱性图

图例
脆弱程度
< 0.10 不脆弱
0.10 ～ 0.20 低脆弱
0.20 ～ 0.30 中低脆弱
0.30 ～ 0.40 中脆弱
0.40 ～ 0.60 中高脆弱
0.60 ～ 0.80 高脆弱
> 0.80 极端脆弱

注：港、澳、台地区资料暂缺。

南海诸岛

图4-30 2050年RCP4.5情景来水变化条件下水资源脆弱性图

图例
脆弱程度
< 0.10 不脆弱
0.10 ～ 0.20 低脆弱
0.20 ～ 0.30 中低脆弱
0.30 ～ 0.40 中脆弱
0.40 ～ 0.60 中高脆弱
0.60 ～ 0.80 高脆弱
> 0.80 极端脆弱

注：港、澳、台地区资料暂缺。

南海诸岛

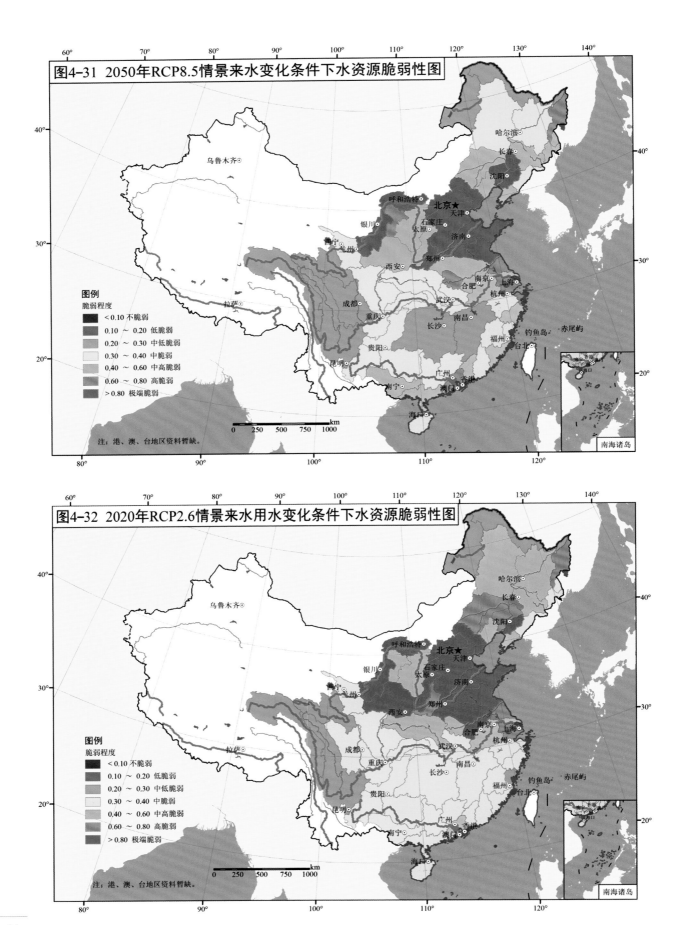

图4-31　2050年RCP8.5情景来水变化条件下水资源脆弱性图

**图例**
脆弱程度
- < 0.10 不脆弱
- 0.10 ~ 0.20 低脆弱
- 0.20 ~ 0.30 中低脆弱
- 0.30 ~ 0.40 中脆弱
- 0.40 ~ 0.60 中高脆弱
- 0.60 ~ 0.80 高脆弱
- > 0.80 极端脆弱

注：港、澳、台地区资料暂缺。

南海诸岛

图4-32　2020年RCP2.6情景来水用水变化条件下水资源脆弱性图

**图例**
脆弱程度
- < 0.10 不脆弱
- 0.10 ~ 0.20 低脆弱
- 0.20 ~ 0.30 中低脆弱
- 0.30 ~ 0.40 中脆弱
- 0.40 ~ 0.60 中高脆弱
- 0.60 ~ 0.80 高脆弱
- > 0.80 极端脆弱

注：港、澳、台地区资料暂缺。

南海诸岛

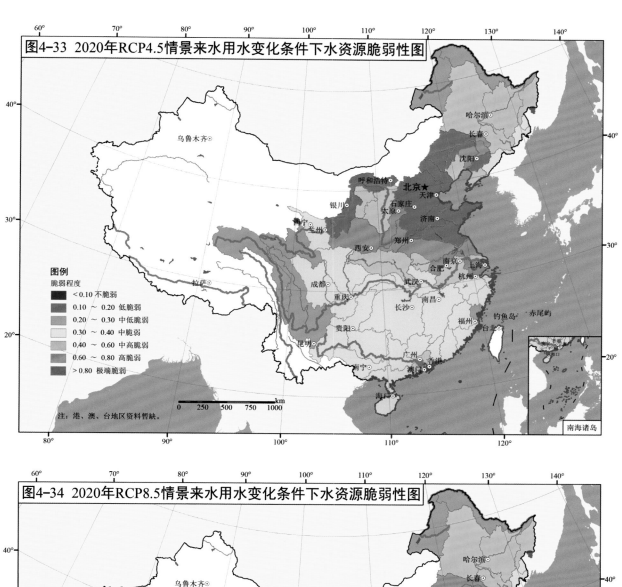

图4-33 2020年RCP4.5情景来水用水变化条件下水资源脆弱性图

**图例**
脆弱程度
< 0.10 不脆弱
0.10 ～ 0.20 低脆弱
0.20 ～ 0.30 中低脆弱
0.30 ～ 0.40 中脆弱
0.40 ～ 0.60 中高脆弱
0.60 ～ 0.80 高脆弱
> 0.80 极端脆弱

注：港、澳、台地区资料暂缺。

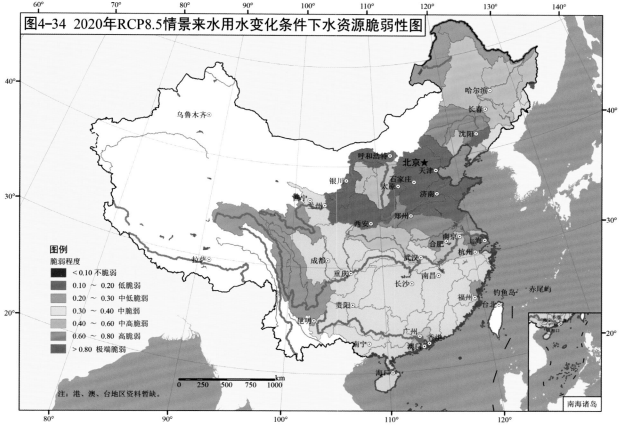

图4-34 2020年RCP8.5情景来水用水变化条件下水资源脆弱性图

**图例**
脆弱程度
< 0.10 不脆弱
0.10 ～ 0.20 低脆弱
0.20 ～ 0.30 中低脆弱
0.30 ～ 0.40 中脆弱
0.40 ～ 0.60 中高脆弱
0.60 ～ 0.80 高脆弱
> 0.80 极端脆弱

注：港、澳、台地区资料暂缺。

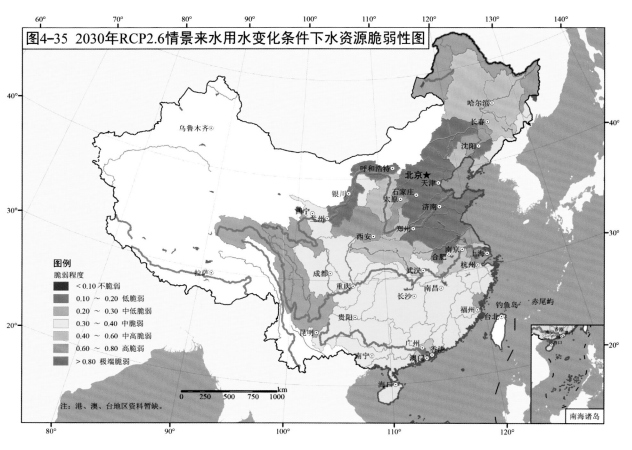

图4-35　2030年RCP2.6情景来水用水变化条件下水资源脆弱性图

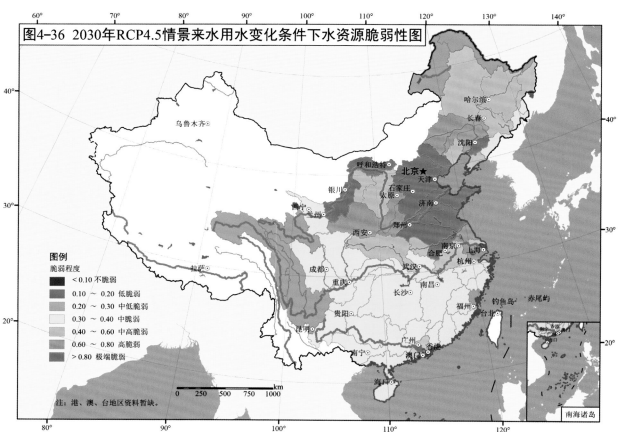

图4-36　2030年RCP4.5情景来水用水变化条件下水资源脆弱性图

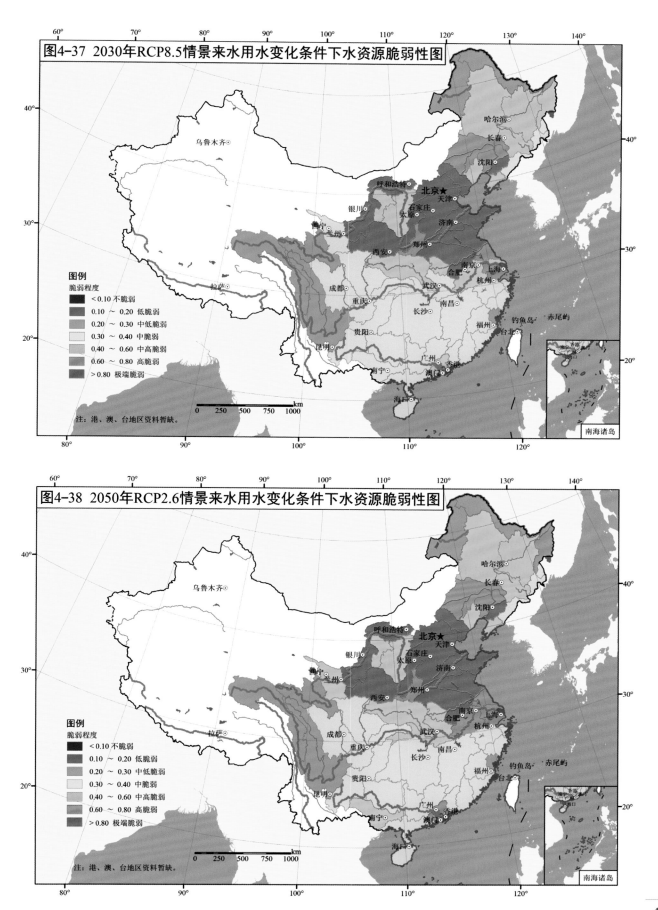

图4-37 2030年RCP8.5情景来水用水变化条件下水资源脆弱性图

图4-38 2050年RCP2.6情景来水用水变化条件下水资源脆弱性图

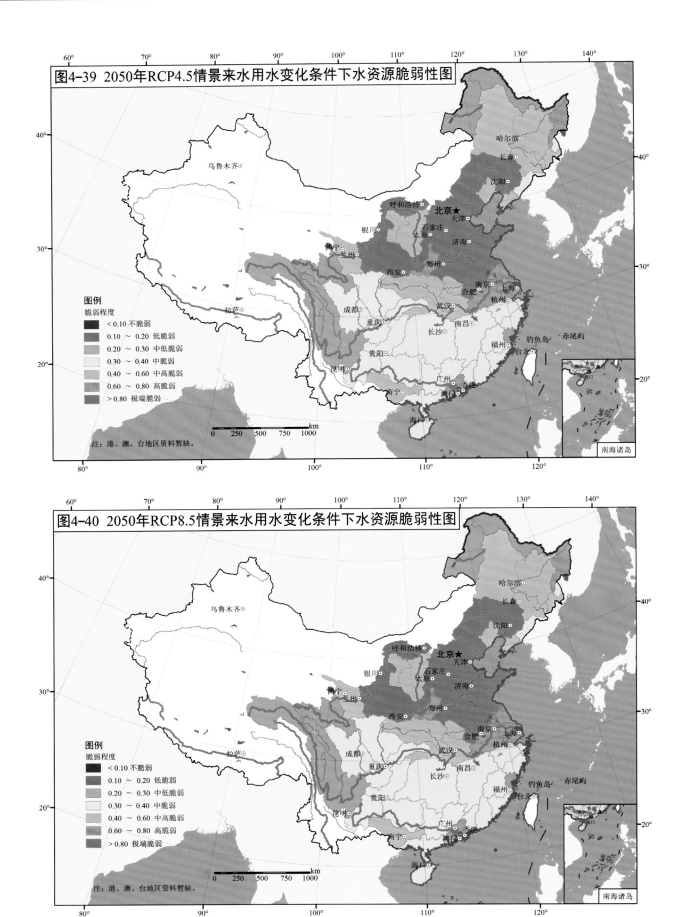

图4-39 2050年RCP4.5情景来水用水变化条件下水资源脆弱性图

图4-40 2050年RCP8.5情景来水用水变化条件下水资源脆弱性图

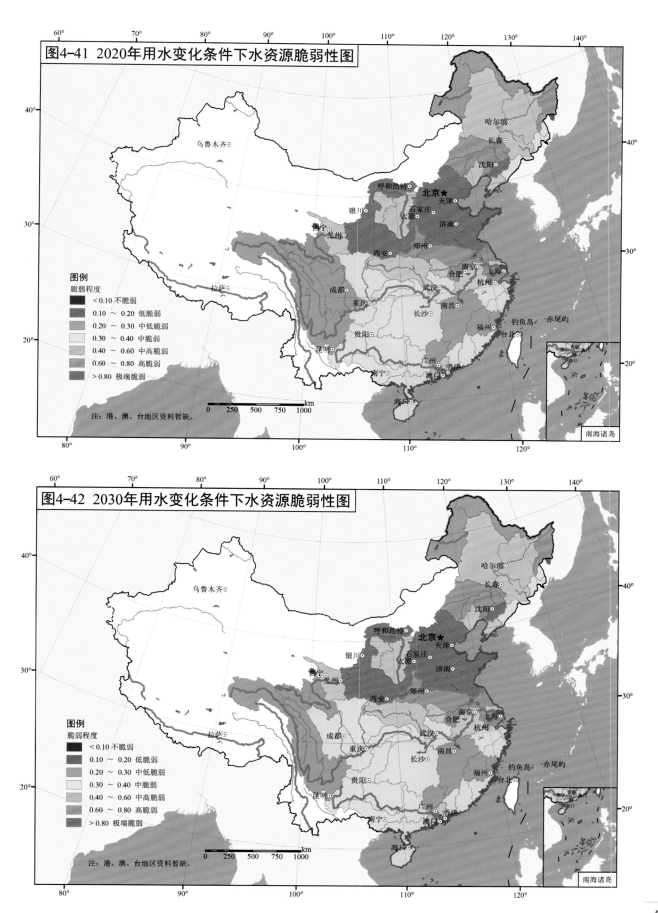

图4-41 2020年用水变化条件下水资源脆弱性图

**图例**

脆弱程度

- <0.10 不脆弱
- 0.10～0.20 低脆弱
- 0.20～0.30 中低脆弱
- 0.30～0.40 中脆弱
- 0.40～0.60 中高脆弱
- 0.60～0.80 高脆弱
- >0.80 极端脆弱

注：港、澳、台地区资料暂缺。

南海诸岛

图4-42 2030年用水变化条件下水资源脆弱性图

**图例**

脆弱程度

- <0.10 不脆弱
- 0.10～0.20 低脆弱
- 0.20～0.30 中低脆弱
- 0.30～0.40 中脆弱
- 0.40～0.60 中高脆弱
- 0.60～0.80 高脆弱
- >0.80 极端脆弱

注：港、澳、台地区资料暂缺。

南海诸岛

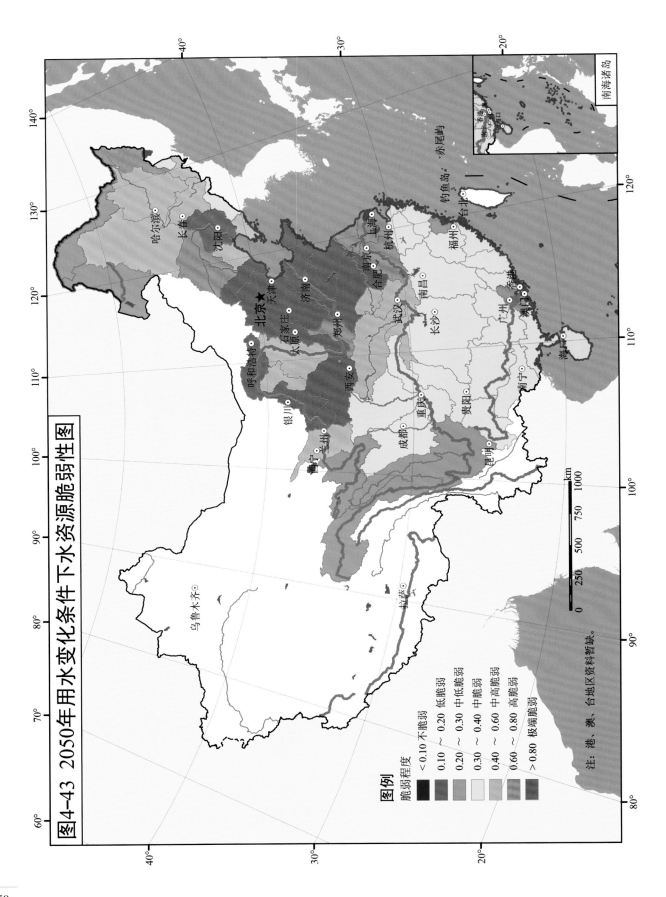

图4-43　2050年用水变化条件下水资源脆弱性图

图例

脆弱程度
< 0.10　不脆弱
0.10 ～ 0.20　低脆弱
0.20 ～ 0.30　中低脆弱
0.30 ～ 0.40　中脆弱
0.40 ～ 0.60　中高脆弱
0.60 ～ 0.80　高脆弱
> 0.80　极端脆弱

注：港、澳、台地区资料暂缺。

# 五、东部季风区八大流域应对气候变化水资源适应性调控效果图

# （一）现状条件下要素和发展综合指标测度及适应方案调控

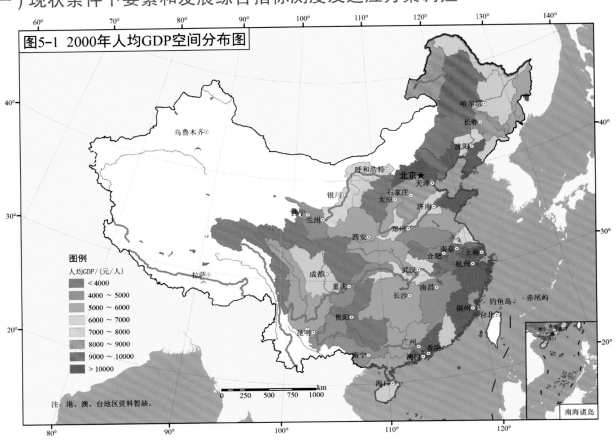

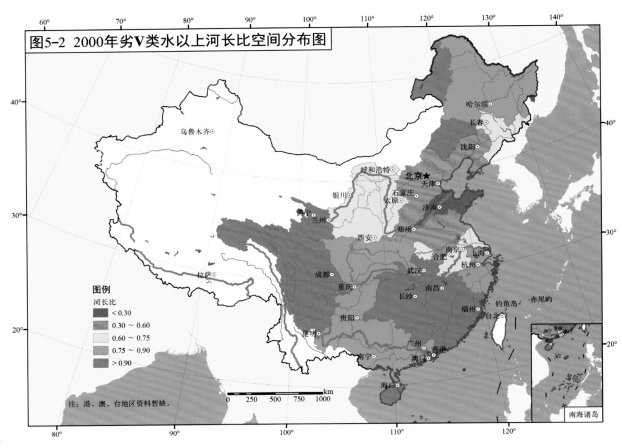

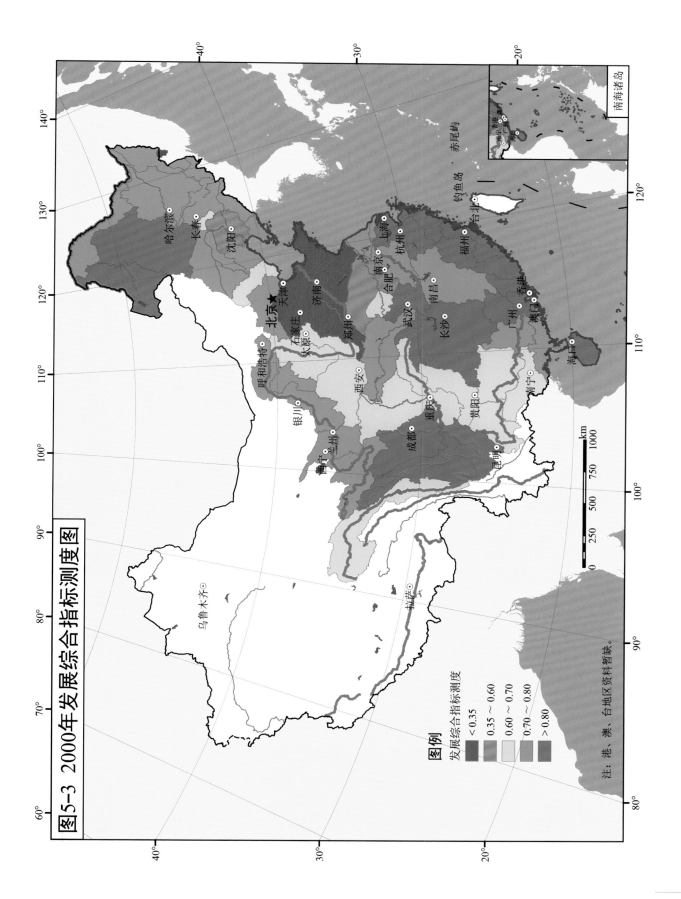

图5-3 2000年发展综合指标测度图

图例

发展综合指标测度

< 0.35
0.35 ~ 0.60
0.60 ~ 0.70
0.70 ~ 0.80
> 0.80

注：港、澳、台地区资料暂缺。

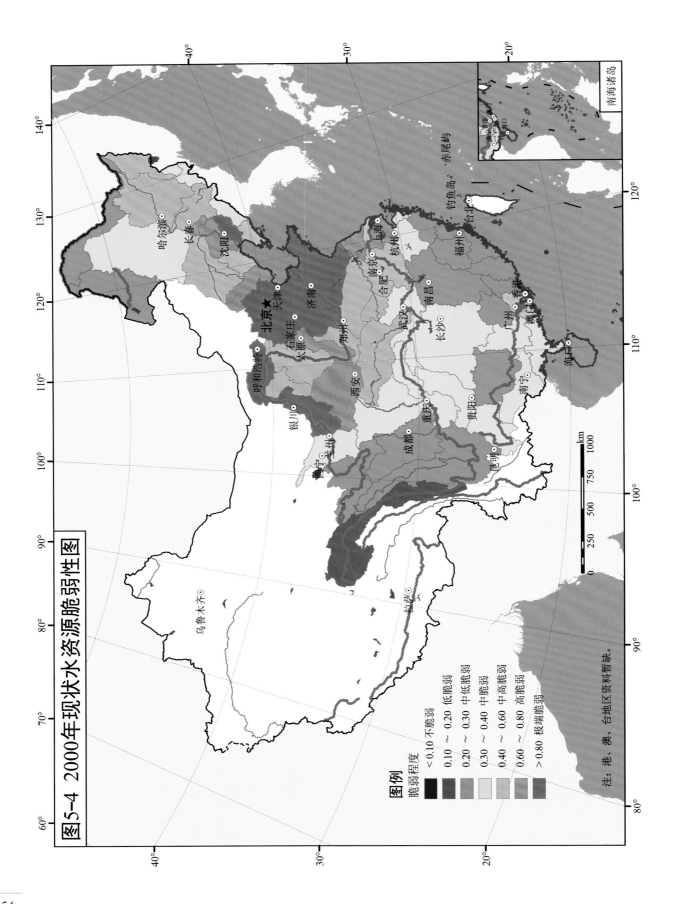

图5-4 2000年现状水资源脆弱性图

图例

脆弱程度

< 0.10 不脆弱
0.10 ～ 0.20 低脆弱
0.20 ～ 0.30 中低脆弱
0.30 ～ 0.40 中脆弱
0.40 ～ 0.60 中高脆弱
0.60 ～ 0.80 高脆弱
> 0.80 极端脆弱

注：港、澳、台地区资料暂缺。

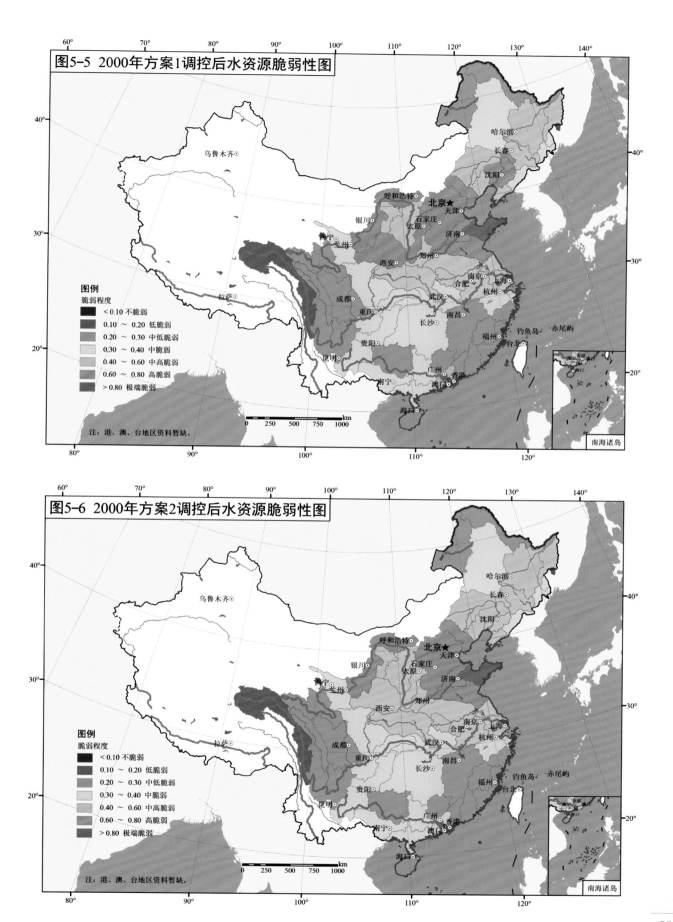

图5-5 2000年方案1调控后水资源脆弱性图

图例
脆弱程度
< 0.10 不脆弱
0.10 ～ 0.20 低脆弱
0.20 ～ 0.30 中低脆弱
0.30 ～ 0.40 中脆弱
0.40 ～ 0.60 中高脆弱
0.60 ～ 0.80 高脆弱
> 0.80 极端脆弱

注：港、澳、台地区资料暂缺。

南海诸岛

图5-6 2000年方案2调控后水资源脆弱性图

图例
脆弱程度
< 0.10 不脆弱
0.10 ～ 0.20 低脆弱
0.20 ～ 0.30 中低脆弱
0.30 ～ 0.40 中脆弱
0.40 ～ 0.60 中高脆弱
0.60 ～ 0.80 高脆弱
> 0.80 极端脆弱

注：港、澳、台地区资料暂缺。

南海诸岛

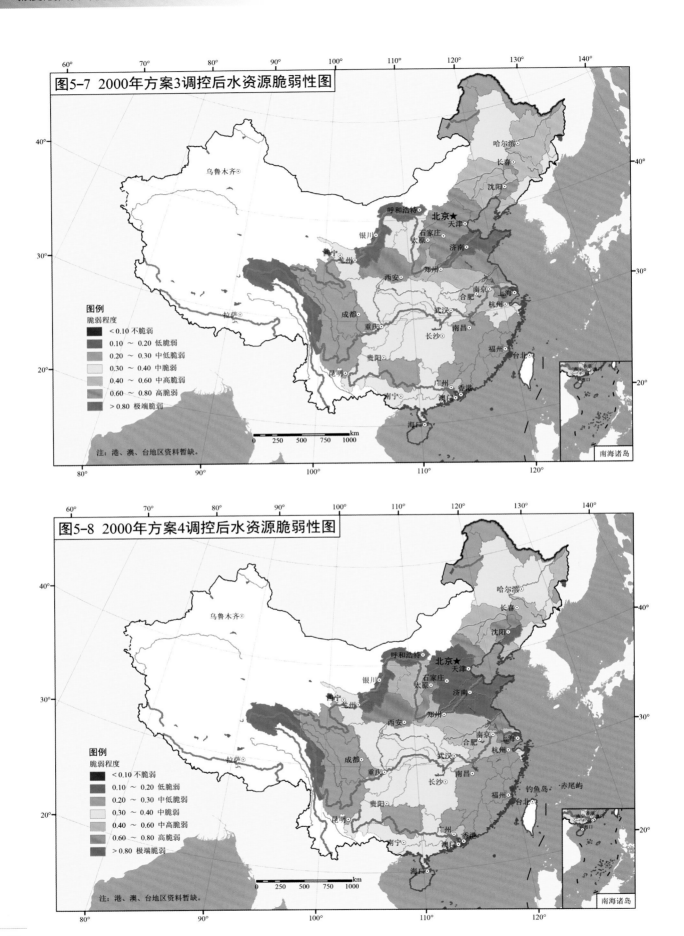

图5-7　2000年方案3调控后水资源脆弱性图

图例
脆弱程度
< 0.10 不脆弱
0.10 ～ 0.20 低脆弱
0.20 ～ 0.30 中低脆弱
0.30 ～ 0.40 中脆弱
0.40 ～ 0.60 中高脆弱
0.60 ～ 0.80 高脆弱
> 0.80 极端脆弱

注：港、澳、台地区资料暂缺。

南海诸岛

图5-8　2000年方案4调控后水资源脆弱性图

图例
脆弱程度
< 0.10 不脆弱
0.10 ～ 0.20 低脆弱
0.20 ～ 0.30 中低脆弱
0.30 ～ 0.40 中脆弱
0.40 ～ 0.60 中高脆弱
0.60 ～ 0.80 高脆弱
> 0.80 极端脆弱

注：港、澳、台地区资料暂缺。

南海诸岛

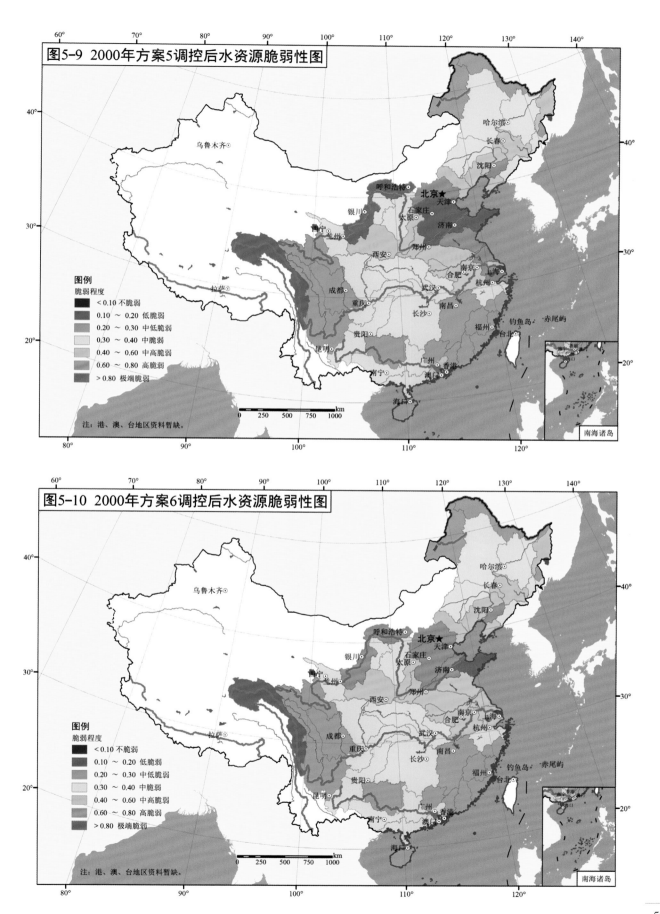

图5-9 2000年方案5调控后水资源脆弱性图

图例
脆弱程度
< 0.10 不脆弱
0.10 ～ 0.20 低脆弱
0.20 ～ 0.30 中低脆弱
0.30 ～ 0.40 中脆弱
0.40 ～ 0.60 中高脆弱
0.60 ～ 0.80 高脆弱
> 0.80 极端脆弱

注：港、澳、台地区资料暂缺。

图5-10 2000年方案6调控后水资源脆弱性图

图例
脆弱程度
< 0.10 不脆弱
0.10 ～ 0.20 低脆弱
0.20 ～ 0.30 中低脆弱
0.30 ～ 0.40 中脆弱
0.40 ～ 0.60 中高脆弱
0.60 ～ 0.80 高脆弱
> 0.80 极端脆弱

注：港、澳、台地区资料暂缺。

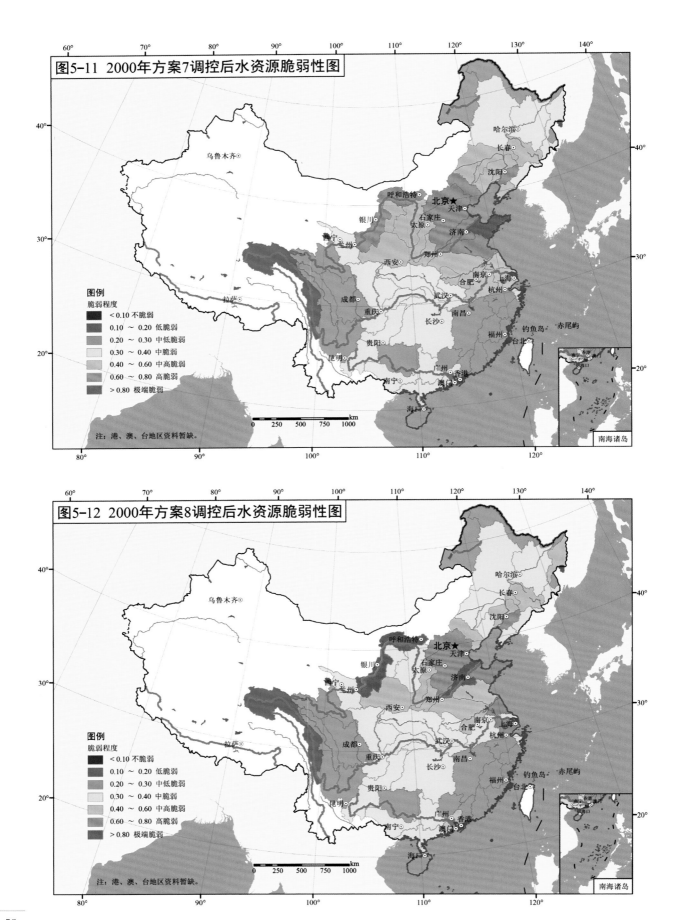

图5-11　2000年方案7调控后水资源脆弱性图

图例

脆弱程度

< 0.10 不脆弱
0.10 ～ 0.20 低脆弱
0.20 ～ 0.30 中低脆弱
0.30 ～ 0.40 中脆弱
0.40 ～ 0.60 中高脆弱
0.60 ～ 0.80 高脆弱
> 0.80 极端脆弱

注：港、澳、台地区资料暂缺。

南海诸岛

图5-12　2000年方案8调控后水资源脆弱性图

图例

脆弱程度

< 0.10 不脆弱
0.10 ～ 0.20 低脆弱
0.20 ～ 0.30 中低脆弱
0.30 ～ 0.40 中脆弱
0.40 ～ 0.60 中高脆弱
0.60 ～ 0.80 高脆弱
> 0.80 极端脆弱

注：港、澳、台地区资料暂缺。

南海诸岛

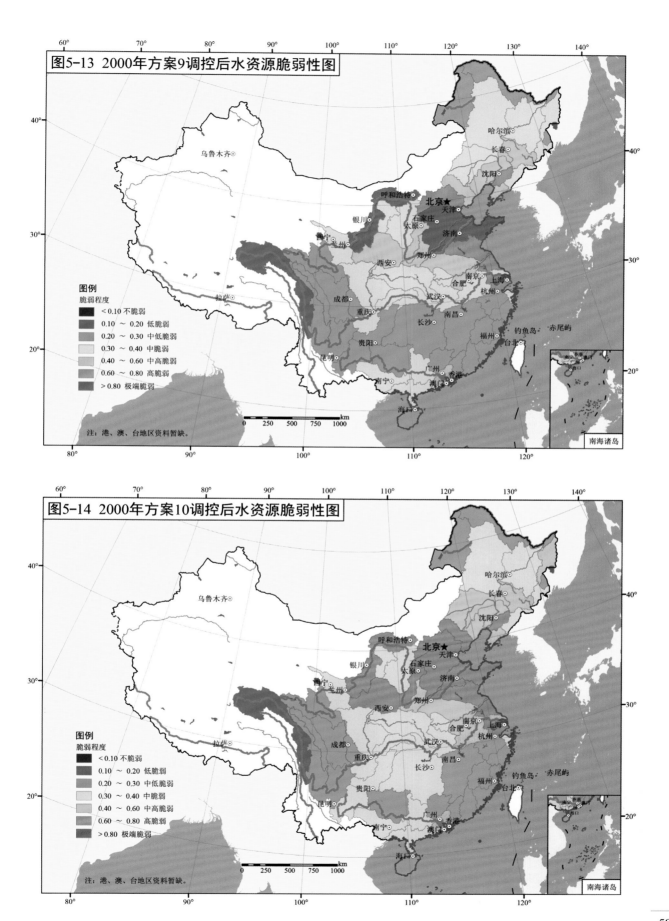

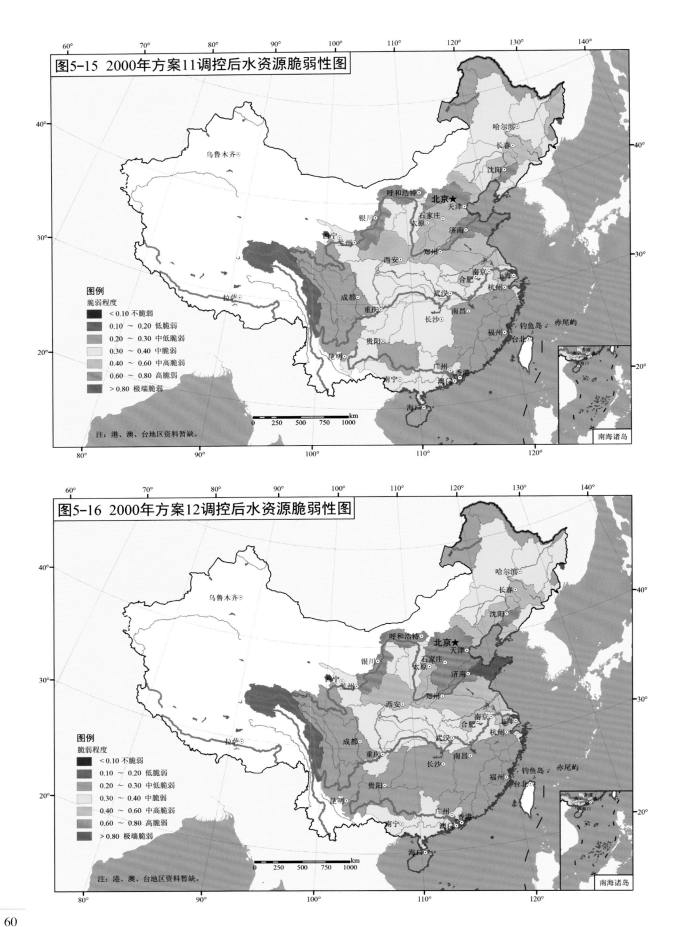

图5-15　2000年方案11调控后水资源脆弱性图

图例
脆弱程度
< 0.10 不脆弱
0.10 ～ 0.20 低脆弱
0.20 ～ 0.30 中低脆弱
0.30 ～ 0.40 中脆弱
0.40 ～ 0.60 中高脆弱
0.60 ～ 0.80 高脆弱
> 0.80 极端脆弱

注：港、澳、台地区资料暂缺。

南海诸岛

图5-16　2000年方案12调控后水资源脆弱性图

图例
脆弱程度
< 0.10 不脆弱
0.10 ～ 0.20 低脆弱
0.20 ～ 0.30 中低脆弱
0.30 ～ 0.40 中脆弱
0.40 ～ 0.60 中高脆弱
0.60 ～ 0.80 高脆弱
> 0.80 极端脆弱

注：港、澳、台地区资料暂缺。

南海诸岛

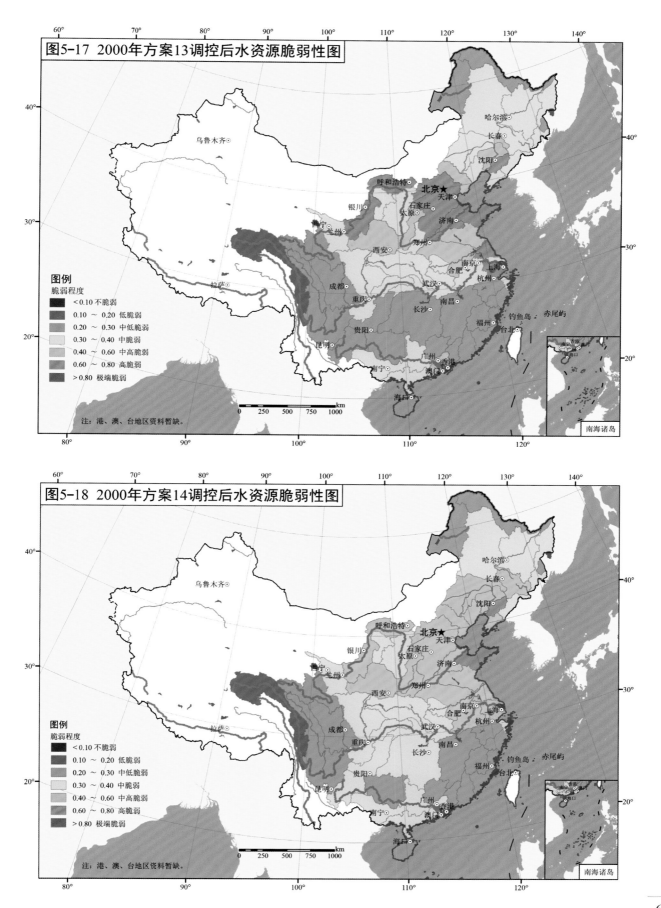

图5-17 2000年方案13调控后水资源脆弱性图

图例
脆弱程度
<0.10 不脆弱
0.10 ～ 0.20 低脆弱
0.20 ～ 0.30 中低脆弱
0.30 ～ 0.40 中脆弱
0.40 ～ 0.60 中高脆弱
0.60 ～ 0.80 高脆弱
>0.80 极端脆弱

注：港、澳、台地区资料暂缺。

南海诸岛

图5-18 2000年方案14调控后水资源脆弱性图

图例
脆弱程度
<0.10 不脆弱
0.10 ～ 0.20 低脆弱
0.20 ～ 0.30 中低脆弱
0.30 ～ 0.40 中脆弱
0.40 ～ 0.60 中高脆弱
0.60 ～ 0.80 高脆弱
>0.80 极端脆弱

注：港、澳、台地区资料暂缺。

南海诸岛

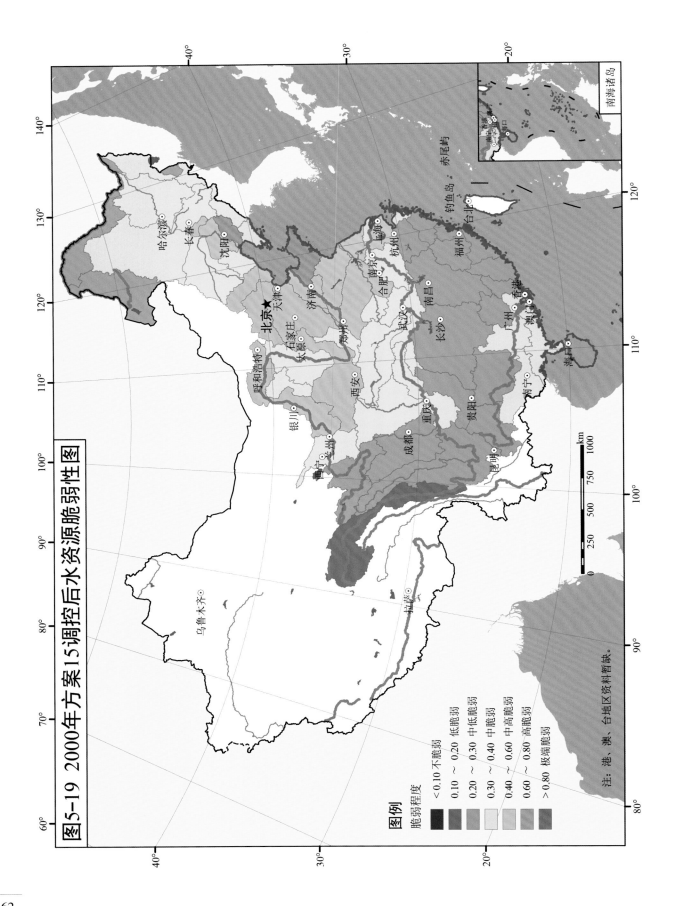

图5-19 2000年方案15调控后水资源脆弱性图

图例

脆弱程度

< 0.10 不脆弱
0.10 ~ 0.20 低脆弱
0.20 ~ 0.30 中低脆弱
0.30 ~ 0.40 中脆弱
0.40 ~ 0.60 中高脆弱
0.60 ~ 0.80 高脆弱
> 0.80 极端脆弱

注：港、澳、台地区资料暂缺。

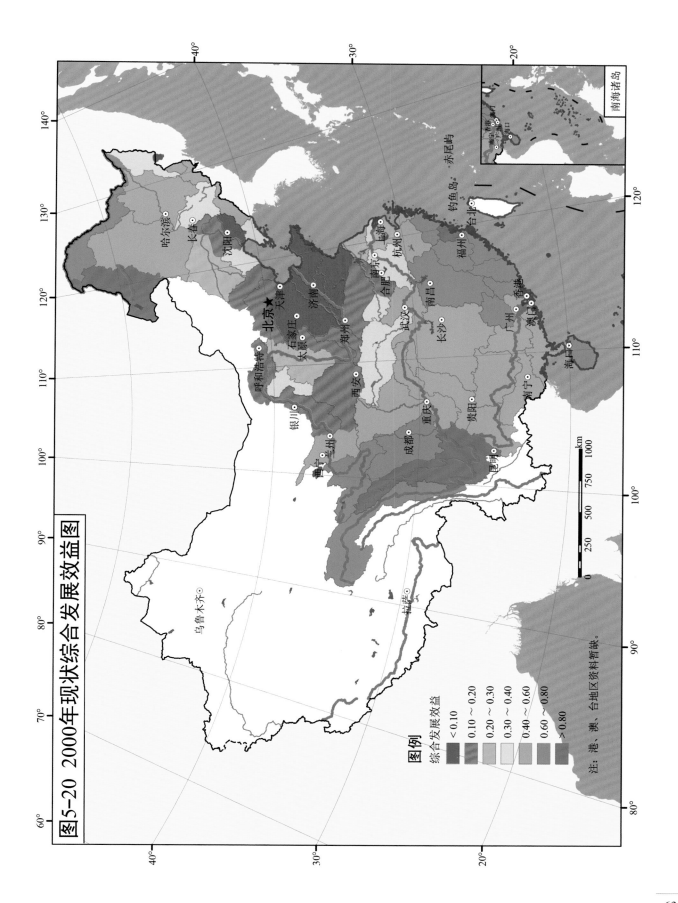

图5-20 2000年现状综合发展效益图

图例

综合发展效益
<0.10
0.10～0.20
0.20～0.30
0.30～0.40
0.40～0.60
0.60～0.80
>0.80

注：港、澳、台地区资料暂缺。

南海诸岛

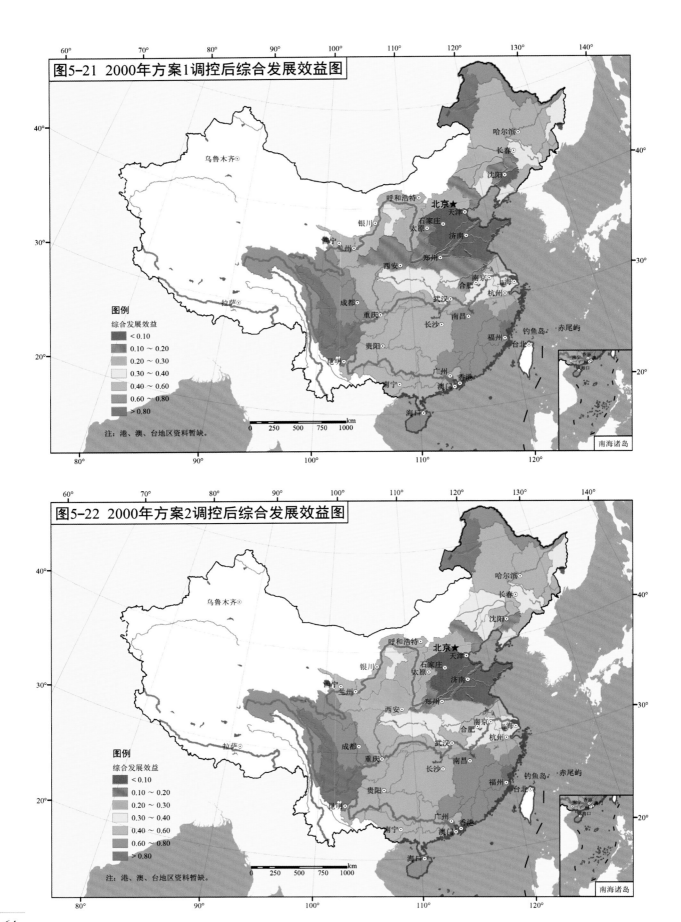

图5-21　2000年方案1调控后综合发展效益图

图例

综合发展效益
< 0.10
0.10 ～ 0.20
0.20 ～ 0.30
0.30 ～ 0.40
0.40 ～ 0.60
0.60 ～ 0.80
> 0.80

注：港、澳、台地区资料暂缺。

km
0　250　500　750　1000

南海诸岛

图5-22　2000年方案2调控后综合发展效益图

图例

综合发展效益
< 0.10
0.10 ～ 0.20
0.20 ～ 0.30
0.30 ～ 0.40
0.40 ～ 0.60
0.60 ～ 0.80
> 0.80

注：港、澳、台地区资料暂缺。

km
0　250　500　750　1000

南海诸岛

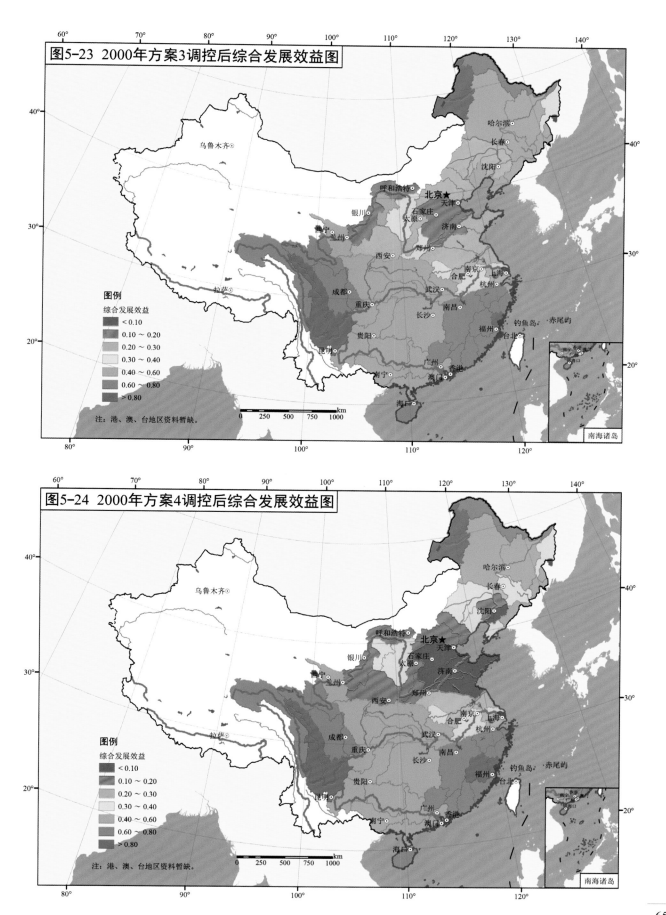

图5-23 2000年方案3调控后综合发展效益图

图例
综合发展效益
< 0.10
0.10 ~ 0.20
0.20 ~ 0.30
0.30 ~ 0.40
0.40 ~ 0.60
0.60 ~ 0.80
> 0.80

注：港、澳、台地区资料暂缺。

图5-24 2000年方案4调控后综合发展效益图

图例
综合发展效益
< 0.10
0.10 ~ 0.20
0.20 ~ 0.30
0.30 ~ 0.40
0.40 ~ 0.60
0.60 ~ 0.80
> 0.80

注：港、澳、台地区资料暂缺。

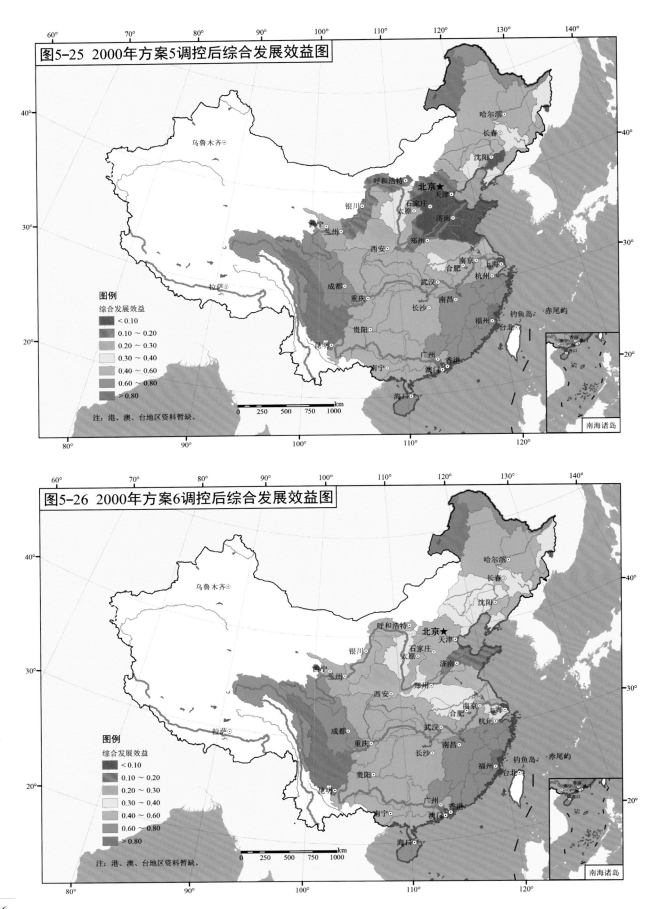

图5-25　2000年方案5调控后综合发展效益图

图例
综合发展效益
< 0.10
0.10 ~ 0.20
0.20 ~ 0.30
0.30 ~ 0.40
0.40 ~ 0.60
0.60 ~ 0.80
> 0.80

注：港、澳、台地区资料暂缺。

南海诸岛

图5-26　2000年方案6调控后综合发展效益图

图例
综合发展效益
< 0.10
0.10 ~ 0.20
0.20 ~ 0.30
0.30 ~ 0.40
0.40 ~ 0.60
0.60 ~ 0.80
> 0.80

注：港、澳、台地区资料暂缺。

南海诸岛

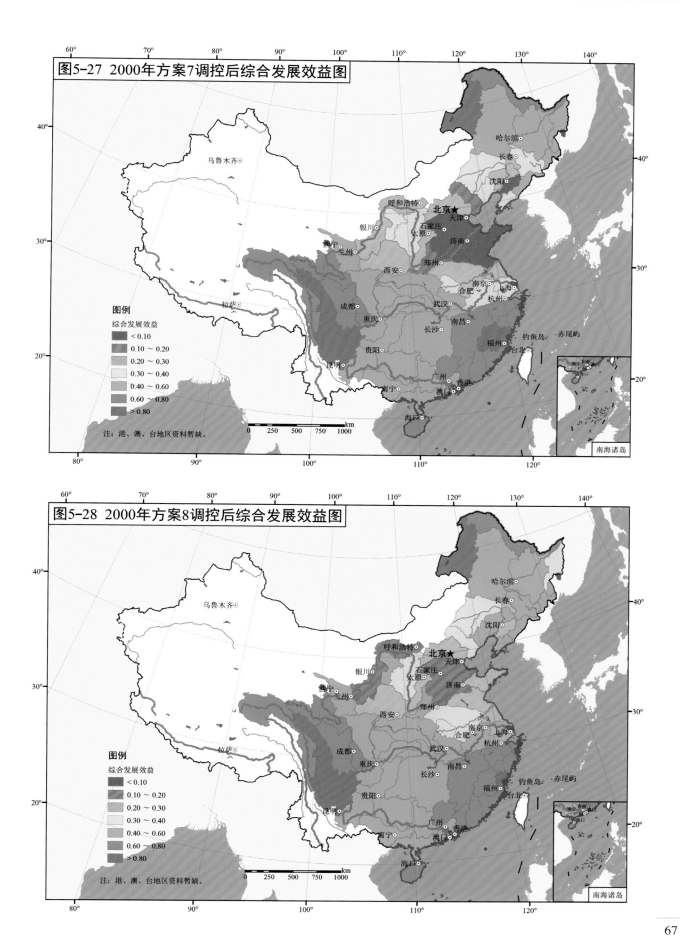

图5-27 2000年方案7调控后综合发展效益图

图例
综合发展效益
< 0.10
0.10 ~ 0.20
0.20 ~ 0.30
0.30 ~ 0.40
0.40 ~ 0.60
0.60 ~ 0.80
> 0.80

注：港、澳、台地区资料暂缺。

南海诸岛

图5-28 2000年方案8调控后综合发展效益图

图例
综合发展效益
< 0.10
0.10 ~ 0.20
0.20 ~ 0.30
0.30 ~ 0.40
0.40 ~ 0.60
0.60 ~ 0.80
> 0.80

注：港、澳、台地区资料暂缺。

南海诸岛

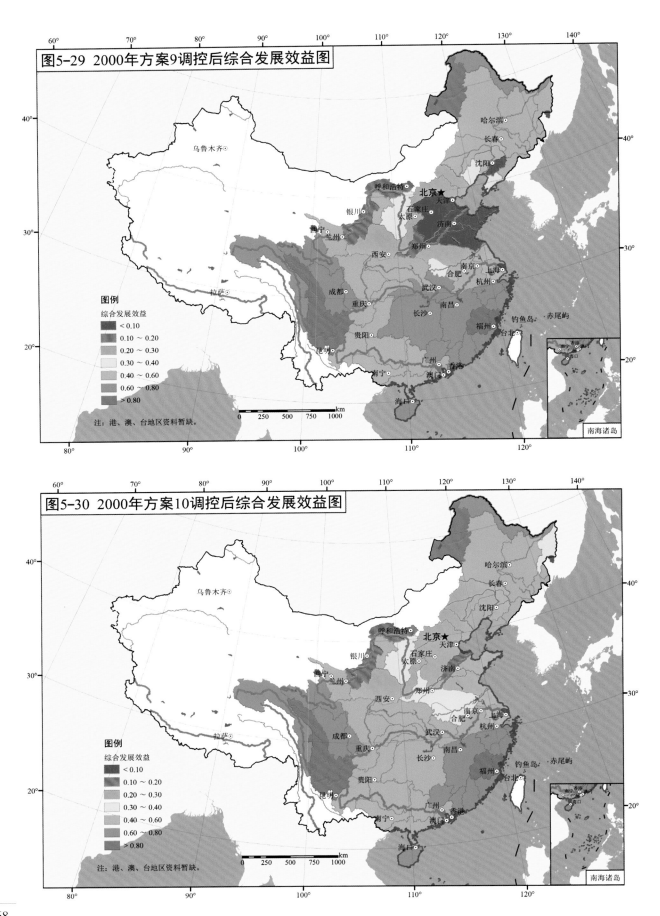

图5-29　2000年方案9调控后综合发展效益图

图例

综合发展效益
- < 0.10
- 0.10 ～ 0.20
- 0.20 ～ 0.30
- 0.30 ～ 0.40
- 0.40 ～ 0.60
- 0.60 ～ 0.80
- > 0.80

注：港、澳、台地区资料暂缺。

南海诸岛

图5-30　2000年方案10调控后综合发展效益图

图例

综合发展效益
- < 0.10
- 0.10 ～ 0.20
- 0.20 ～ 0.30
- 0.30 ～ 0.40
- 0.40 ～ 0.60
- 0.60 ～ 0.80
- > 0.80

注：港、澳、台地区资料暂缺。

南海诸岛

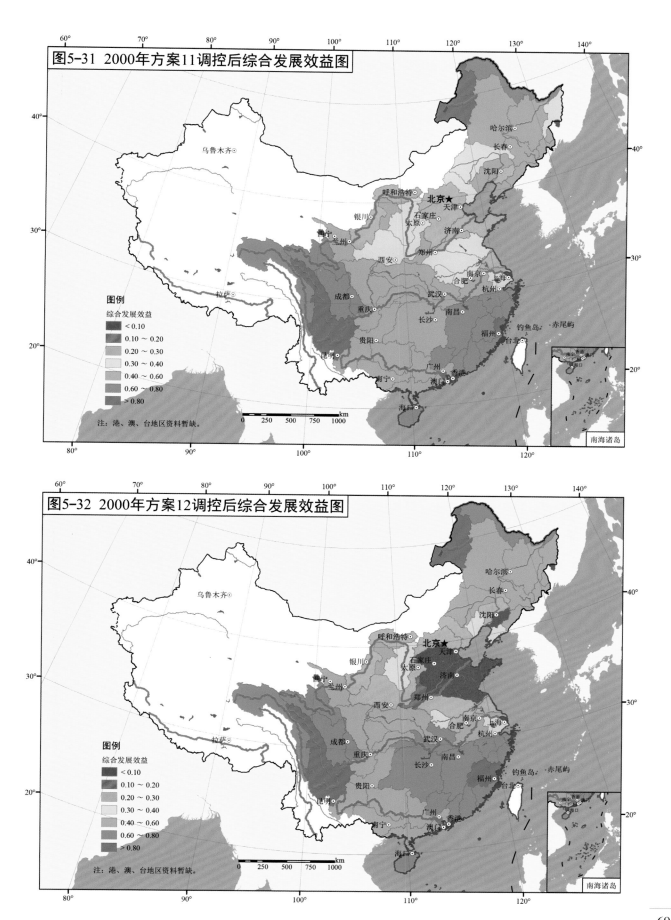

图5-31 2000年方案11调控后综合发展效益图

图例
综合发展效益
< 0.10
0.10 ~ 0.20
0.20 ~ 0.30
0.30 ~ 0.40
0.40 ~ 0.60
0.60 ~ 0.80
> 0.80

注：港、澳、台地区资料暂缺。

图5-32 2000年方案12调控后综合发展效益图

图例
综合发展效益
< 0.10
0.10 ~ 0.20
0.20 ~ 0.30
0.30 ~ 0.40
0.40 ~ 0.60
0.60 ~ 0.80
> 0.80

注：港、澳、台地区资料暂缺。

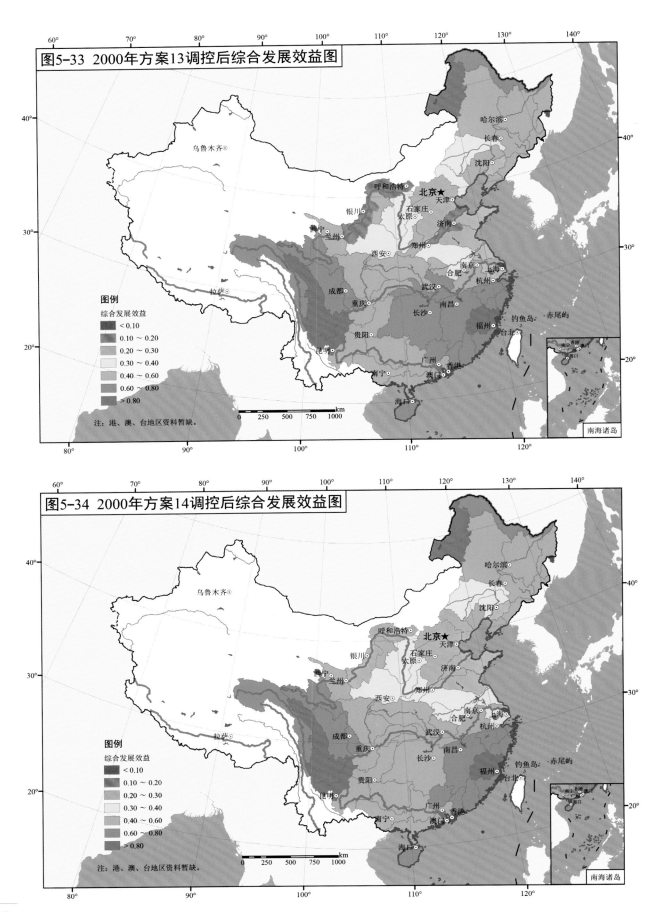

图5-33　2000年方案13调控后综合发展效益图

图例
综合发展效益
< 0.10
0.10 ～ 0.20
0.20 ～ 0.30
0.30 ～ 0.40
0.40 ～ 0.60
0.60 ～ 0.80
> 0.80

注：港、澳、台地区资料暂缺。

图5-34　2000年方案14调控后综合发展效益图

图例
综合发展效益
< 0.10
0.10 ～ 0.20
0.20 ～ 0.30
0.30 ～ 0.40
0.40 ～ 0.60
0.60 ～ 0.80
> 0.80

注：港、澳、台地区资料暂缺。

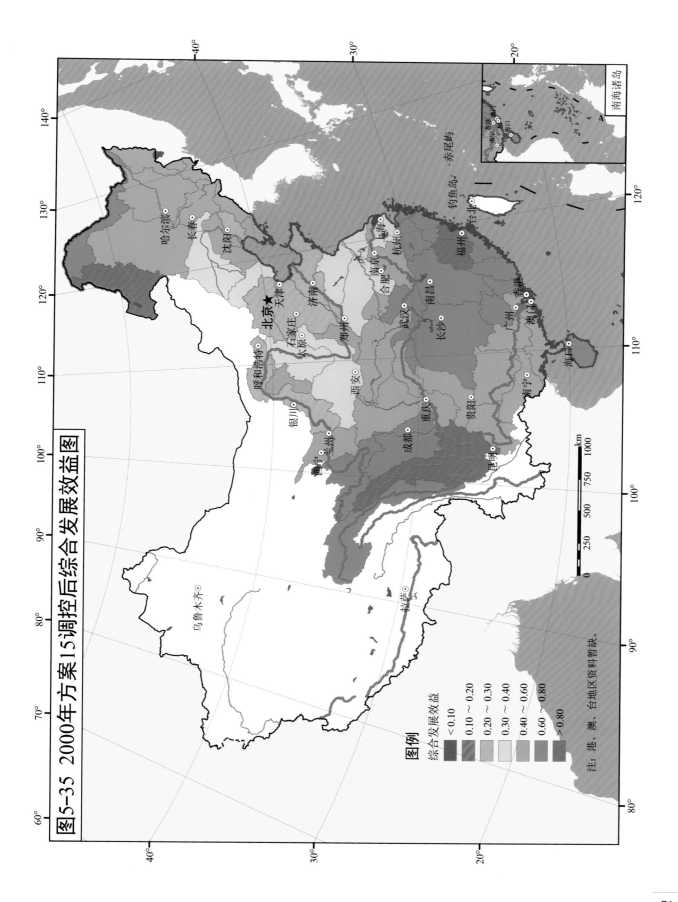

图5-35 2000年方案15调控后综合发展效益图

图例

综合发展效益
< 0.10
0.10 ~ 0.20
0.20 ~ 0.30
0.30 ~ 0.40
0.40 ~ 0.60
0.60 ~ 0.80
> 0.80

注：港、澳、台地区资料暂缺。

南海诸岛

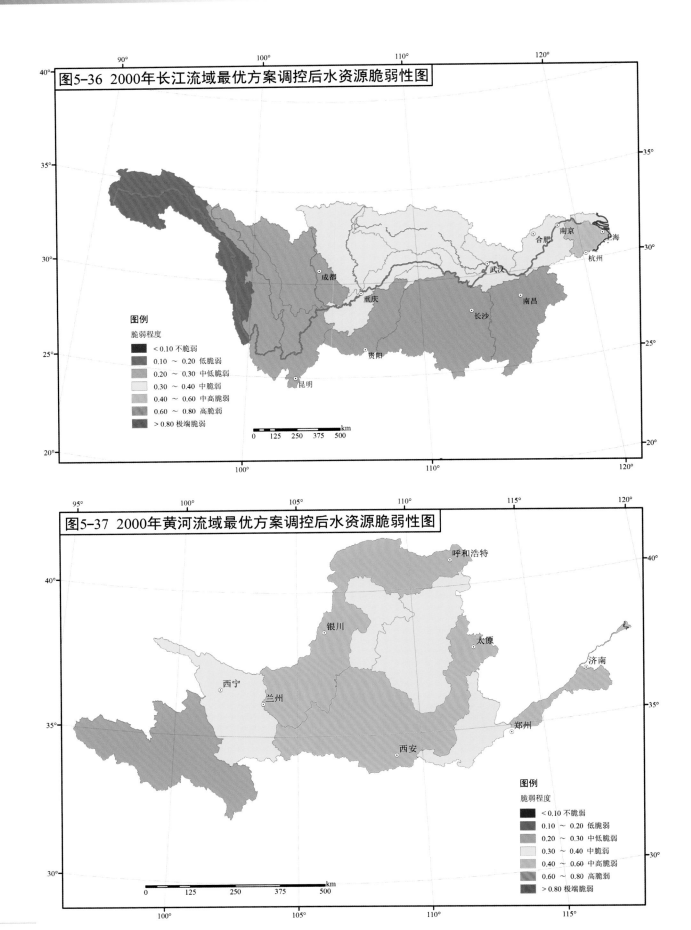

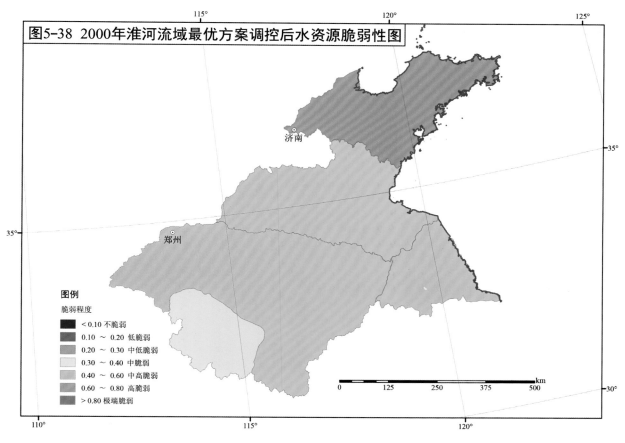

图5-38 2000年淮河流域最优方案调控后水资源脆弱性图

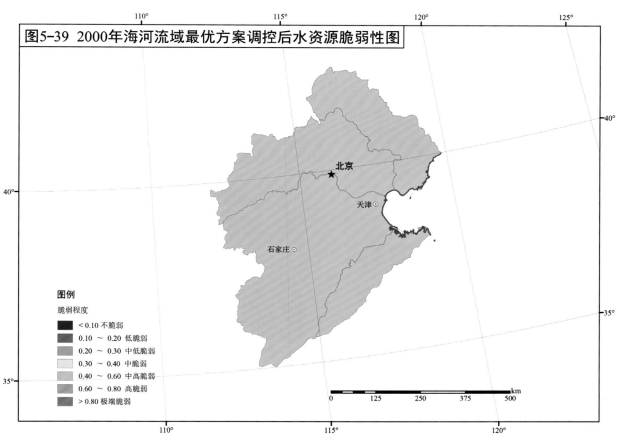

图5-39 2000年海河流域最优方案调控后水资源脆弱性图

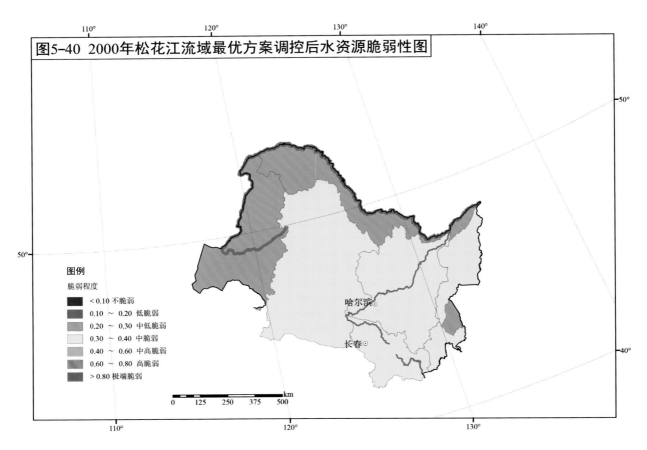

图5-40　2000年松花江流域最优方案调控后水资源脆弱性图

图例

脆弱程度

- ＜0.10 不脆弱
- 0.10 ～ 0.20 低脆弱
- 0.20 ～ 0.30 中低脆弱
- 0.30 ～ 0.40 中脆弱
- 0.40 ～ 0.60 中高脆弱
- 0.60 ～ 0.80 高脆弱
- ＞0.80 极端脆弱

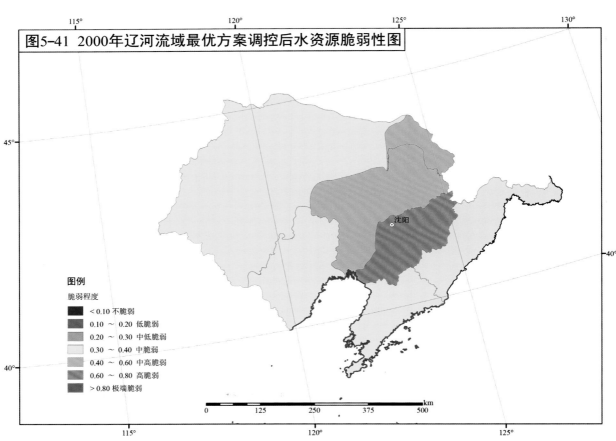

图5-41　2000年辽河流域最优方案调控后水资源脆弱性图

图例

脆弱程度

- ＜0.10 不脆弱
- 0.10 ～ 0.20 低脆弱
- 0.20 ～ 0.30 中低脆弱
- 0.30 ～ 0.40 中脆弱
- 0.40 ～ 0.60 中高脆弱
- 0.60 ～ 0.80 高脆弱
- ＞0.80 极端脆弱

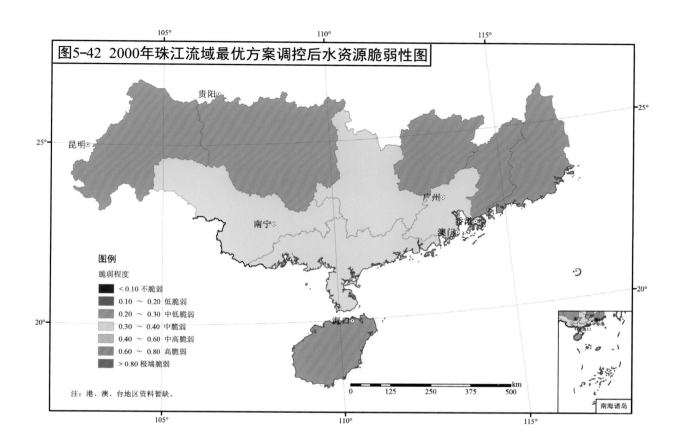

图5-42 2000年珠江流域最优方案调控后水资源脆弱性图

图例

脆弱程度

< 0.10 不脆弱
0.10 ～ 0.20 低脆弱
0.20 ～ 0.30 中低脆弱
0.30 ～ 0.40 中脆弱
0.40 ～ 0.60 中高脆弱
0.60 ～ 0.80 高脆弱
> 0.80 极端脆弱

注：港、澳、台地区资料暂缺。

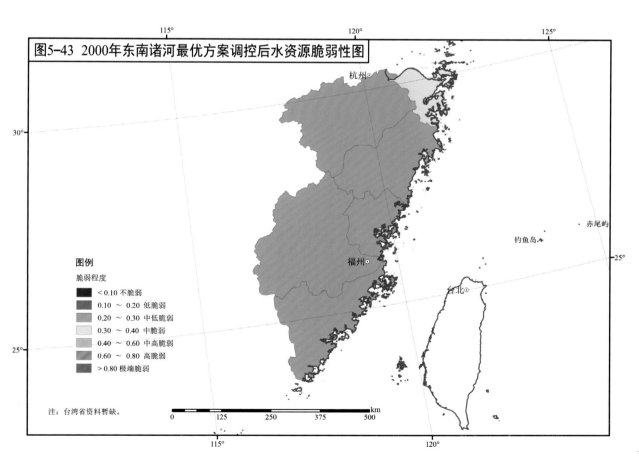

图5-43 2000年东南诸河最优方案调控后水资源脆弱性图

图例

脆弱程度

< 0.10 不脆弱
0.10 ～ 0.20 低脆弱
0.20 ～ 0.30 中低脆弱
0.30 ～ 0.40 中脆弱
0.40 ～ 0.60 中高脆弱
0.60 ～ 0.80 高脆弱
> 0.80 极端脆弱

注：台湾省资料暂缺。

## （二）未来情景下要素和发展综合指标测度及适应方案调控

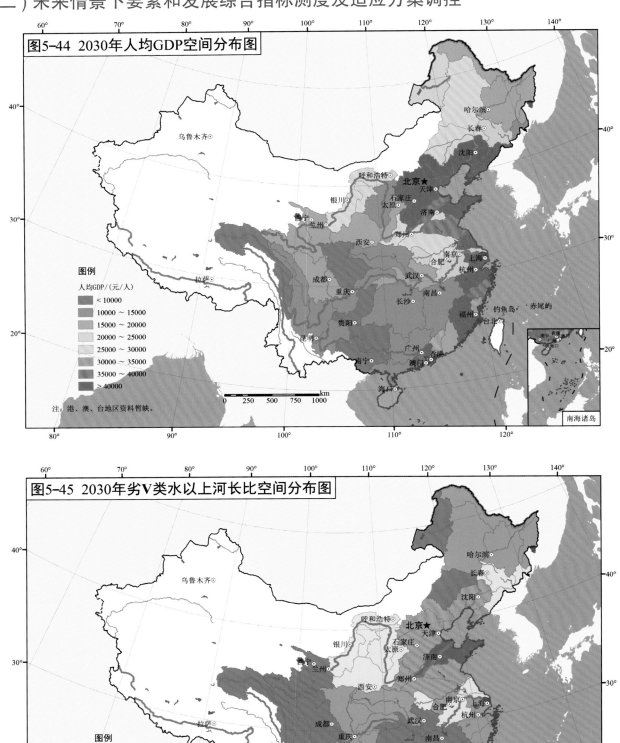

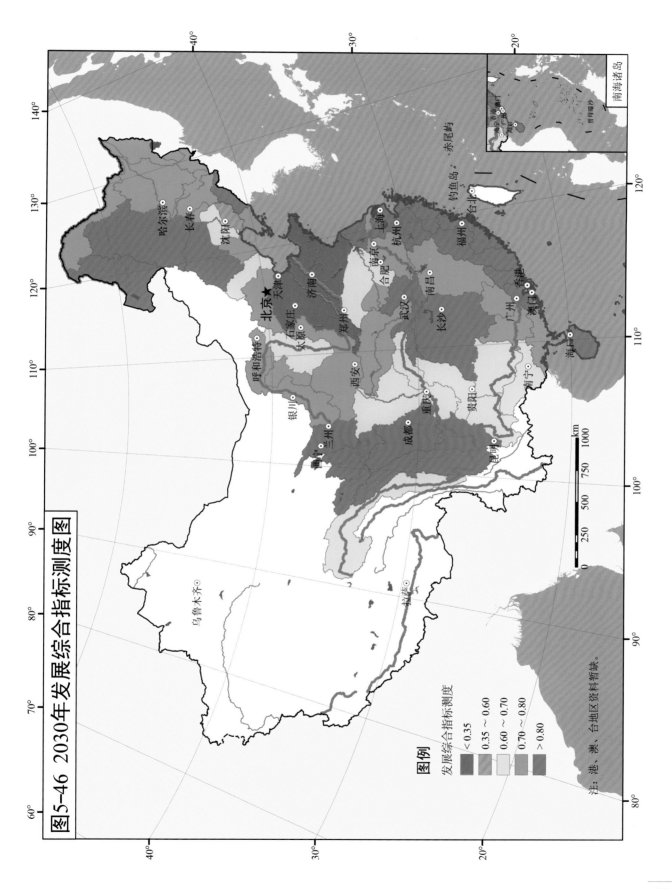

图5-46 2030年发展综合指标测度图

图例

发展综合指标测度

< 0.35
0.35 ~ 0.60
0.60 ~ 0.70
0.70 ~ 0.80
> 0.80

注：港、澳、台地区资料暂缺。

南海诸岛

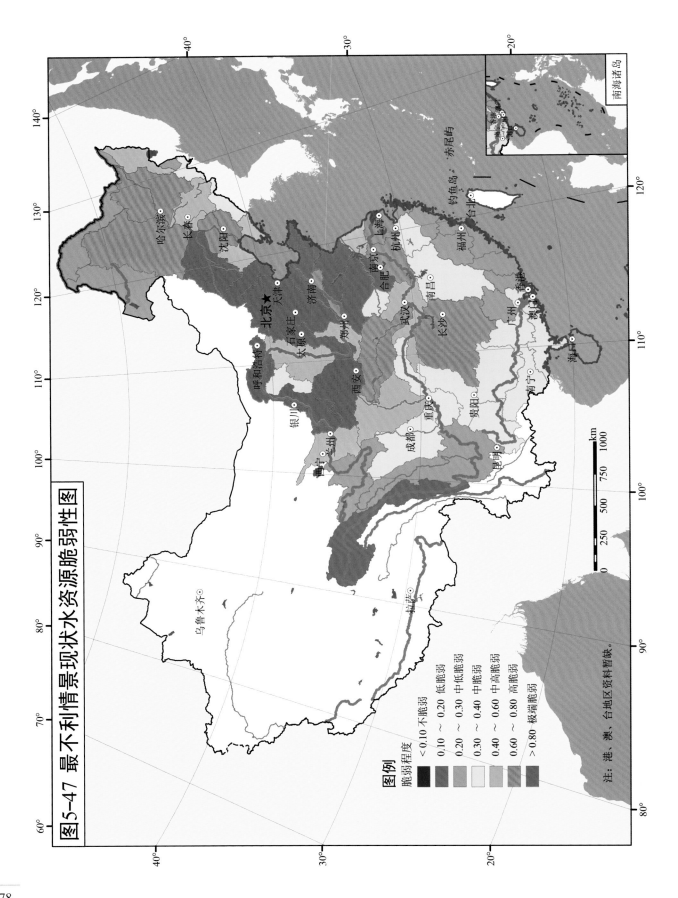

图5-47　最不利情景现状水资源脆弱性图

图例

脆弱程度

< 0.10　不脆弱
0.10 ~ 0.20　低脆弱
0.20 ~ 0.30　中低脆弱
0.30 ~ 0.40　中脆弱
0.40 ~ 0.60　中高脆弱
0.60 ~ 0.80　高脆弱
> 0.80　极端脆弱

注：港、澳、台地区资料暂缺。

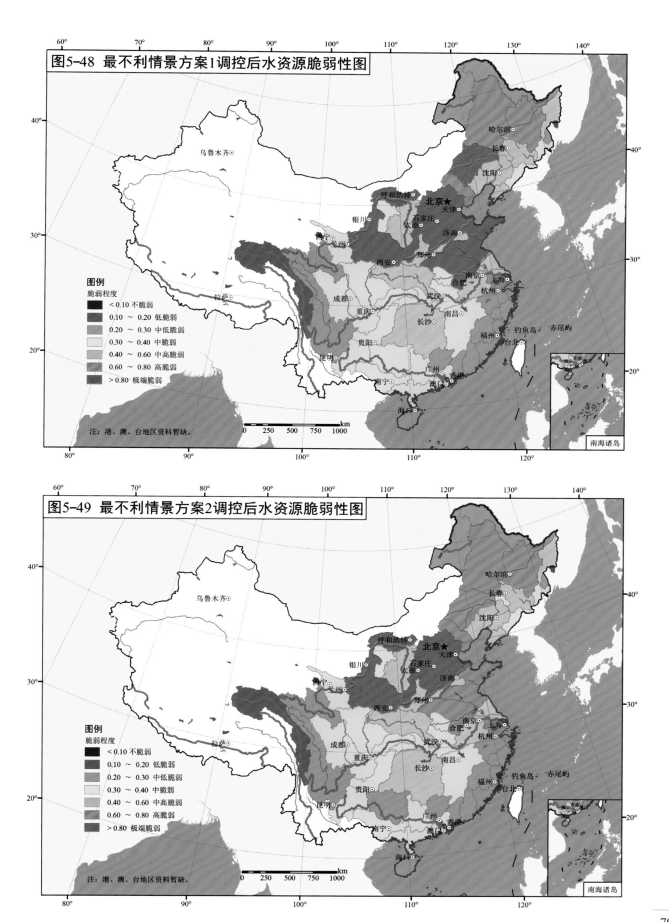

图5-48 最不利情景方案1调控后水资源脆弱性图

**图例**

脆弱程度

- < 0.10 不脆弱
- 0.10 ~ 0.20 低脆弱
- 0.20 ~ 0.30 中低脆弱
- 0.30 ~ 0.40 中脆弱
- 0.40 ~ 0.60 中高脆弱
- 0.60 ~ 0.80 高脆弱
- > 0.80 极端脆弱

注：港、澳、台地区资料暂缺。

南海诸岛

图5-49 最不利情景方案2调控后水资源脆弱性图

**图例**

脆弱程度

- < 0.10 不脆弱
- 0.10 ~ 0.20 低脆弱
- 0.20 ~ 0.30 中低脆弱
- 0.30 ~ 0.40 中脆弱
- 0.40 ~ 0.60 中高脆弱
- 0.60 ~ 0.80 高脆弱
- > 0.80 极端脆弱

注：港、澳、台地区资料暂缺。

南海诸岛

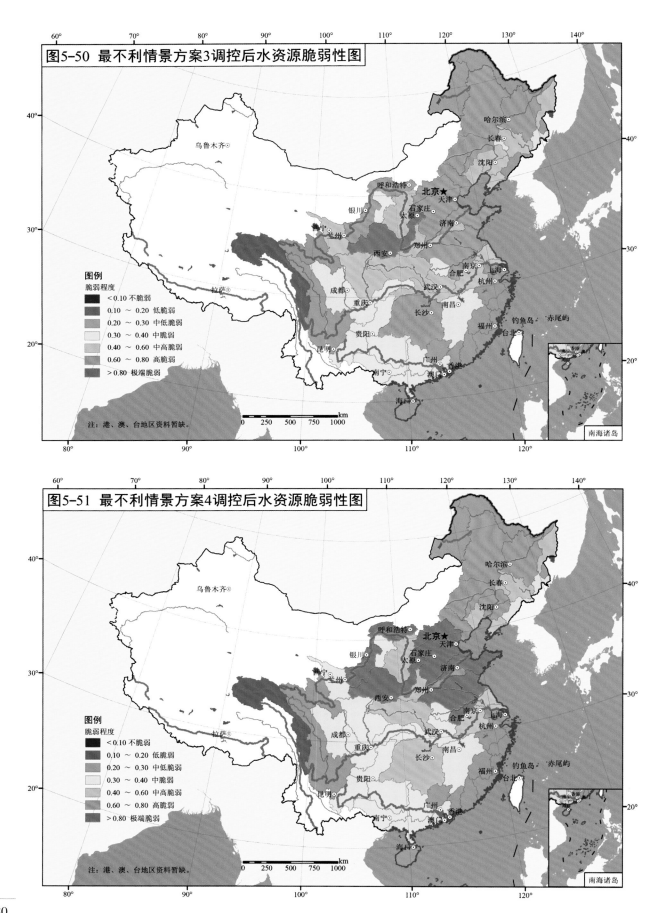

图5-50　最不利情景方案3调控后水资源脆弱性图

图5-51　最不利情景方案4调控后水资源脆弱性图

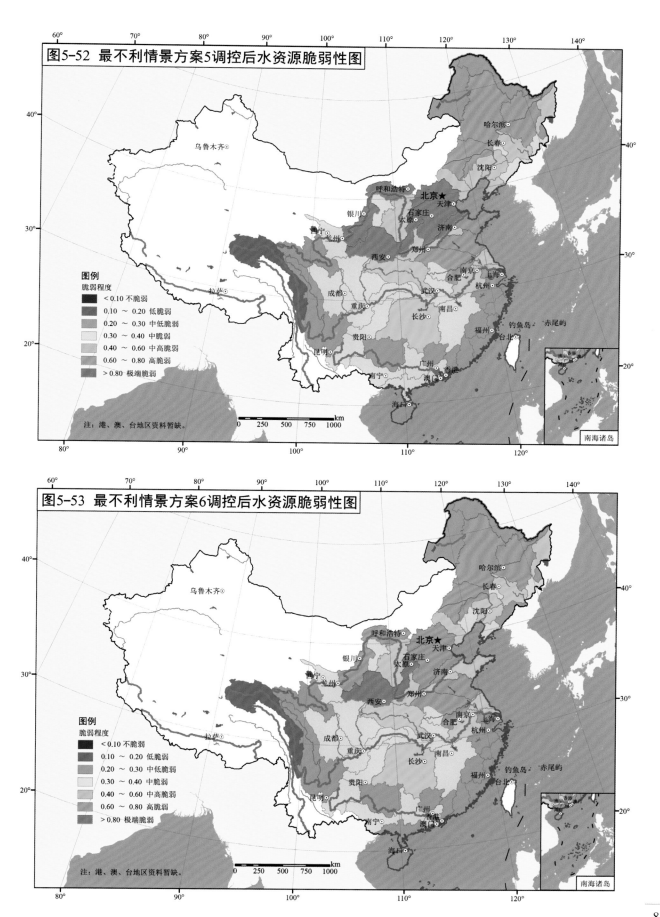

图5-52 最不利情景方案5调控后水资源脆弱性图

图5-53 最不利情景方案6调控后水资源脆弱性图

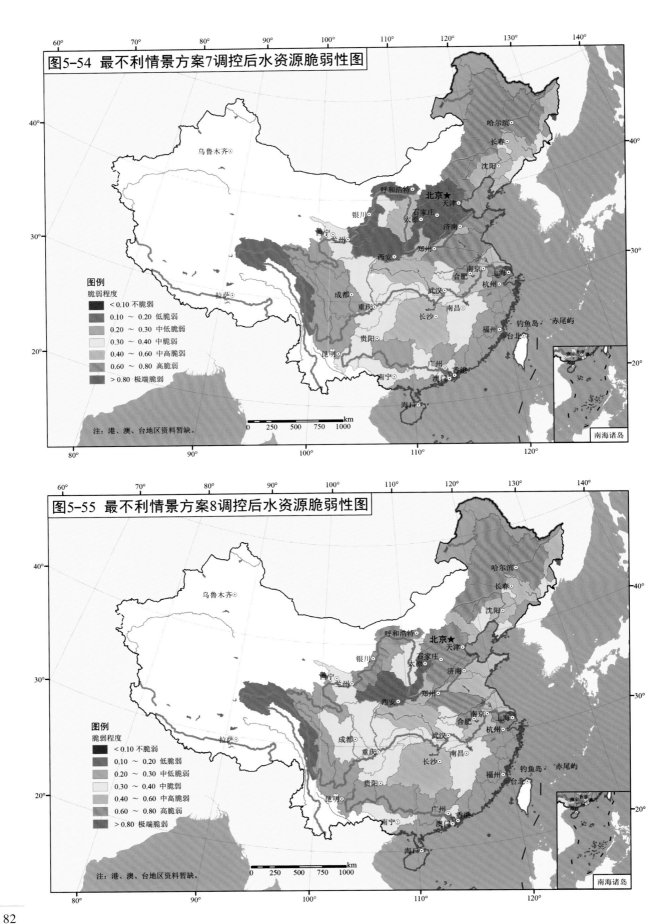

图5-54 最不利情景方案7调控后水资源脆弱性图

**图例**
脆弱程度
- < 0.10 不脆弱
- 0.10 ~ 0.20 低脆弱
- 0.20 ~ 0.30 中低脆弱
- 0.30 ~ 0.40 中脆弱
- 0.40 ~ 0.60 中高脆弱
- 0.60 ~ 0.80 高脆弱
- > 0.80 极端脆弱

注：港、澳、台地区资料暂缺。

图5-55 最不利情景方案8调控后水资源脆弱性图

**图例**
脆弱程度
- < 0.10 不脆弱
- 0.10 ~ 0.20 低脆弱
- 0.20 ~ 0.30 中低脆弱
- 0.30 ~ 0.40 中脆弱
- 0.40 ~ 0.60 中高脆弱
- 0.60 ~ 0.80 高脆弱
- > 0.80 极端脆弱

注：港、澳、台地区资料暂缺。

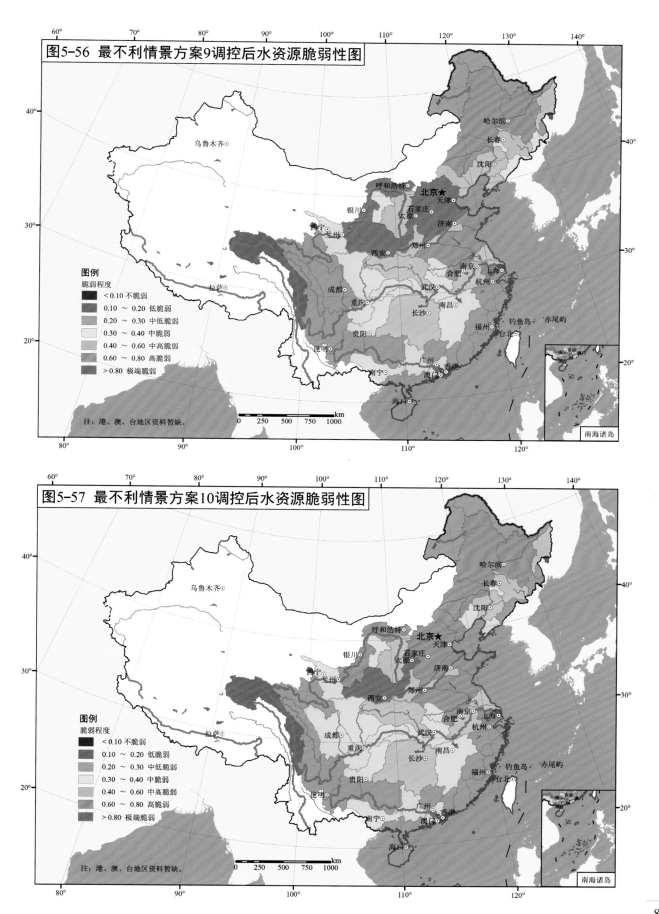

图5-56 最不利情景方案9调控后水资源脆弱性图

**图例**

脆弱程度
- <0.10 不脆弱
- 0.10～0.20 低脆弱
- 0.20～0.30 中低脆弱
- 0.30～0.40 中脆弱
- 0.40～0.60 中高脆弱
- 0.60～0.80 高脆弱
- >0.80 极端脆弱

注：港、澳、台地区资料暂缺。

南海诸岛

图5-57 最不利情景方案10调控后水资源脆弱性图

**图例**

脆弱程度
- <0.10 不脆弱
- 0.10～0.20 低脆弱
- 0.20～0.30 中低脆弱
- 0.30～0.40 中脆弱
- 0.40～0.60 中高脆弱
- 0.60～0.80 高脆弱
- >0.80 极端脆弱

注：港、澳、台地区资料暂缺。

南海诸岛

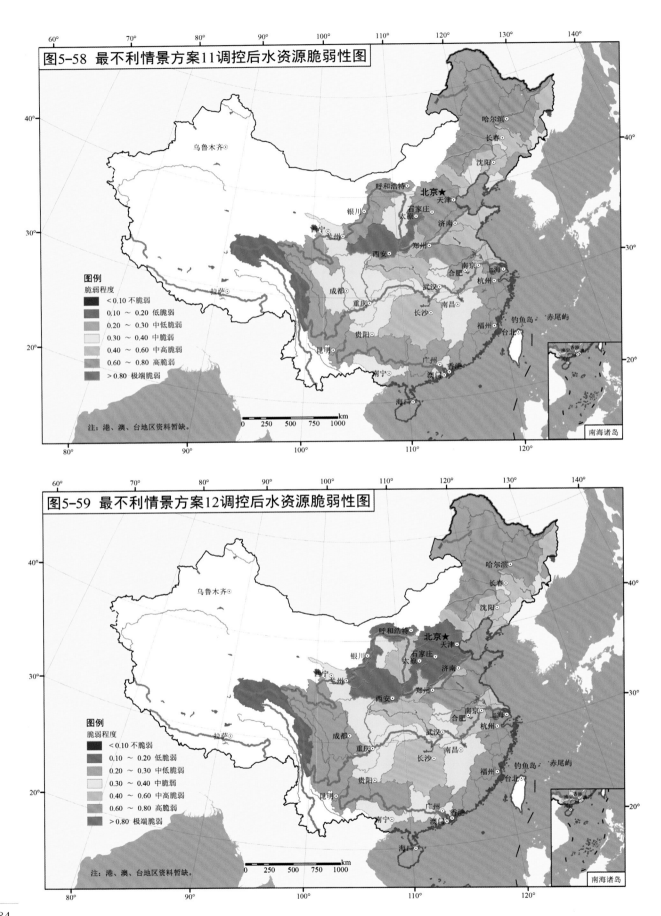

图5-58　最不利情景方案11调控后水资源脆弱性图

**图例**
脆弱程度
- <0.10 不脆弱
- 0.10～0.20 低脆弱
- 0.20～0.30 中低脆弱
- 0.30～0.40 中脆弱
- 0.40～0.60 中高脆弱
- 0.60～0.80 高脆弱
- >0.80 极端脆弱

注：港、澳、台地区资料暂缺。

图5-59　最不利情景方案12调控后水资源脆弱性图

**图例**
脆弱程度
- <0.10 不脆弱
- 0.10～0.20 低脆弱
- 0.20～0.30 中低脆弱
- 0.30～0.40 中脆弱
- 0.40～0.60 中高脆弱
- 0.60～0.80 高脆弱
- >0.80 极端脆弱

注：港、澳、台地区资料暂缺。

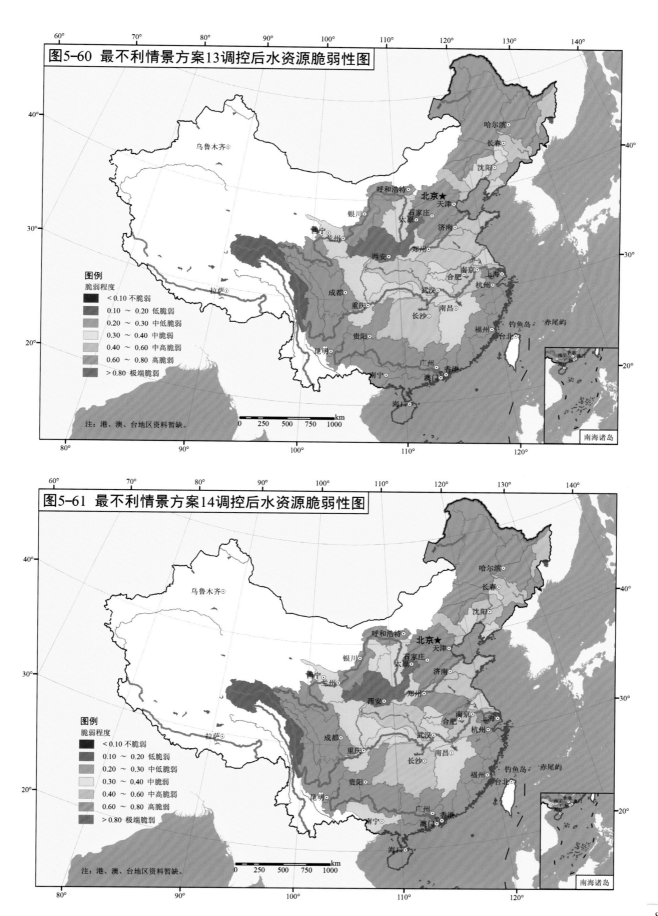

图5-60 最不利情景方案13调控后水资源脆弱性图

**图例**

脆弱程度
- < 0.10 不脆弱
- 0.10 ～ 0.20 低脆弱
- 0.20 ～ 0.30 中低脆弱
- 0.30 ～ 0.40 中脆弱
- 0.40 ～ 0.60 中高脆弱
- 0.60 ～ 0.80 高脆弱
- > 0.80 极端脆弱

注：港、澳、台地区资料暂缺。

图5-61 最不利情景方案14调控后水资源脆弱性图

**图例**

脆弱程度
- < 0.10 不脆弱
- 0.10 ～ 0.20 低脆弱
- 0.20 ～ 0.30 中低脆弱
- 0.30 ～ 0.40 中脆弱
- 0.40 ～ 0.60 中高脆弱
- 0.60 ～ 0.80 高脆弱
- > 0.80 极端脆弱

注：港、澳、台地区资料暂缺。

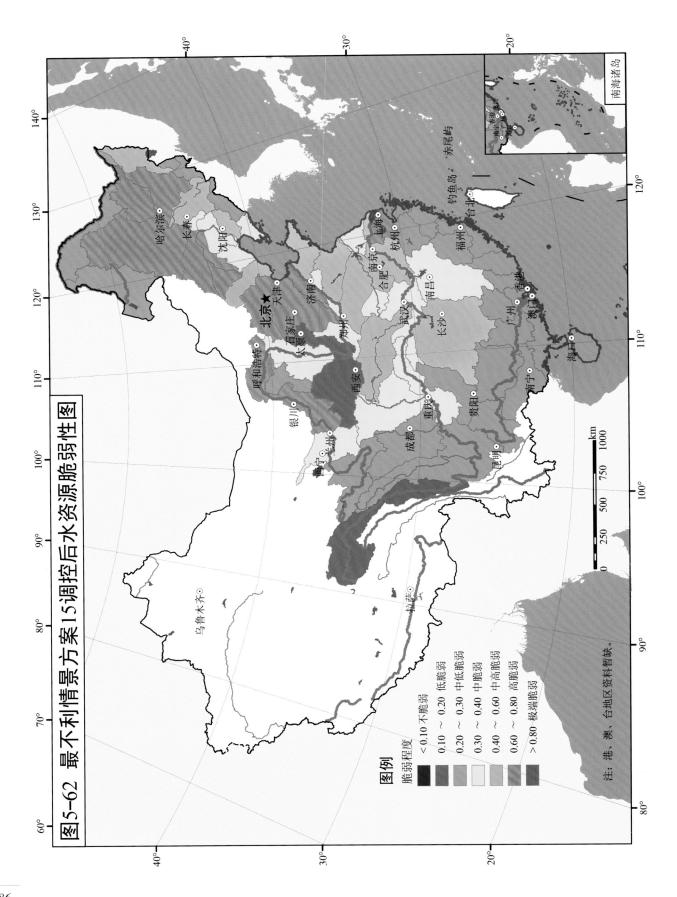

图5-62　最不利情景方案15调控后水资源脆弱性图

图例

脆弱程度

<0.10 不脆弱
0.10 ~ 0.20 低脆弱
0.20 ~ 0.30 中低脆弱
0.30 ~ 0.40 中脆弱
0.40 ~ 0.60 中高脆弱
0.60 ~ 0.80 高脆弱
>0.80 极端脆弱

注：港、澳、台地区资料暂缺。

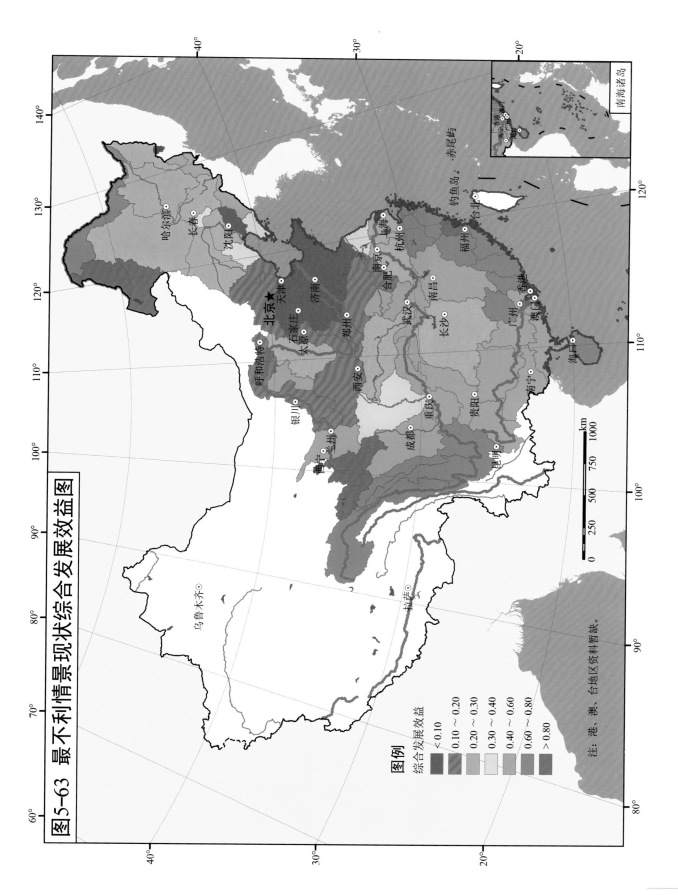

图5-63 最不利情景现状综合发展效益图

图例

综合发展效益

< 0.10
0.10 ~ 0.20
0.20 ~ 0.30
0.30 ~ 0.40
0.40 ~ 0.60
0.60 ~ 0.80
> 0.80

注：港、澳、台地区资料暂缺。

南海诸岛

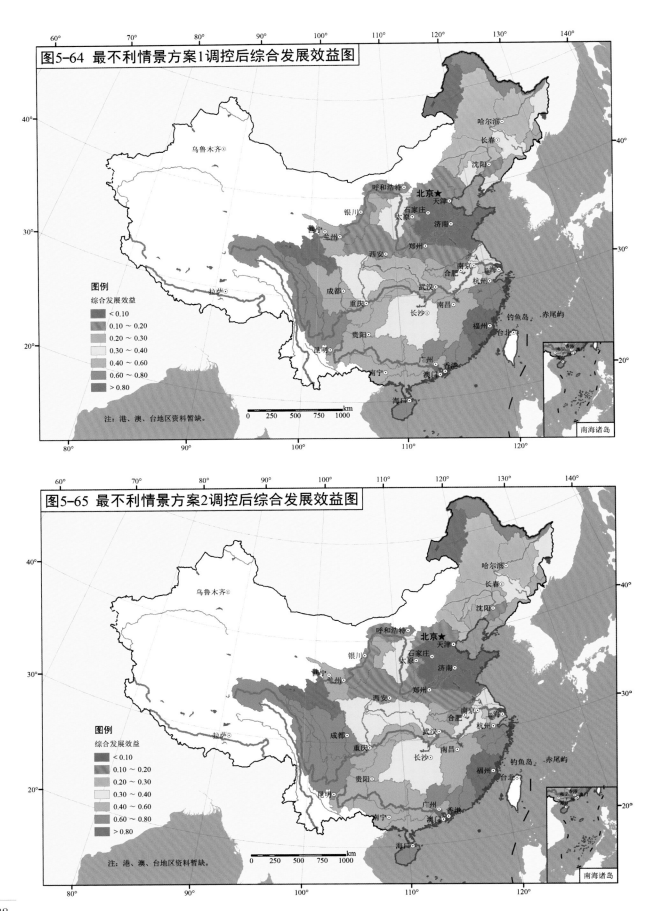

图5-64　最不利情景方案1调控后综合发展效益图

图5-65　最不利情景方案2调控后综合发展效益图

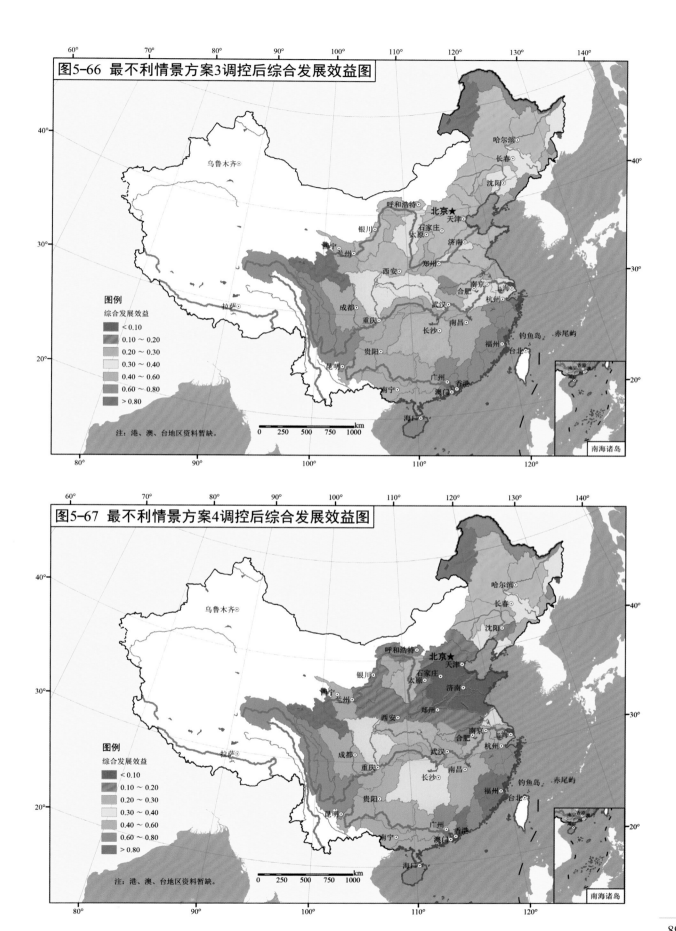

图5-66 最不利情景方案3调控后综合发展效益图

图例
综合发展效益
< 0.10
0.10 ~ 0.20
0.20 ~ 0.30
0.30 ~ 0.40
0.40 ~ 0.60
0.60 ~ 0.80
> 0.80

注：港、澳、台地区资料暂缺。

图5-67 最不利情景方案4调控后综合发展效益图

图例
综合发展效益
< 0.10
0.10 ~ 0.20
0.20 ~ 0.30
0.30 ~ 0.40
0.40 ~ 0.60
0.60 ~ 0.80
> 0.80

注：港、澳、台地区资料暂缺。

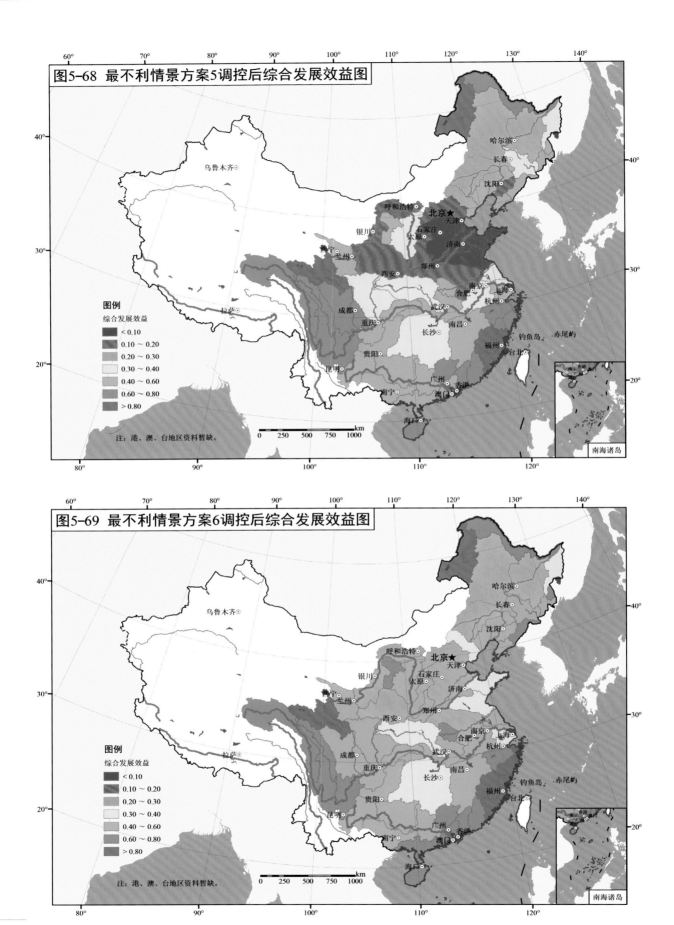

图5-68　最不利情景方案5调控后综合发展效益图

图5-69　最不利情景方案6调控后综合发展效益图

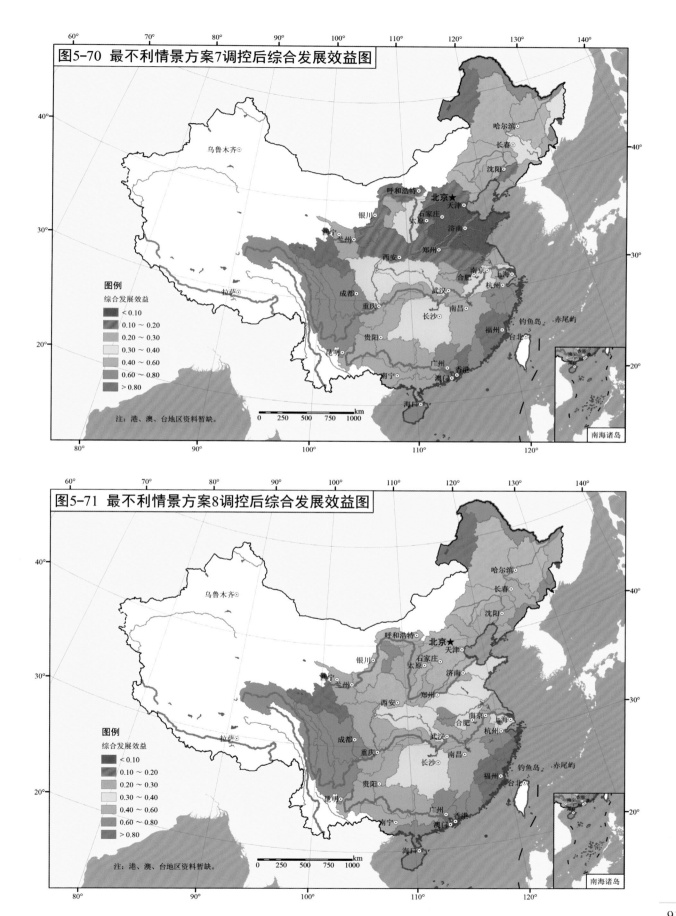

图5-70 最不利情景方案7调控后综合发展效益图

图5-71 最不利情景方案8调控后综合发展效益图

图例
综合发展效益
< 0.10
0.10 ~ 0.20
0.20 ~ 0.30
0.30 ~ 0.40
0.40 ~ 0.60
0.60 ~ 0.80
> 0.80

注：港、澳、台地区资料暂缺。

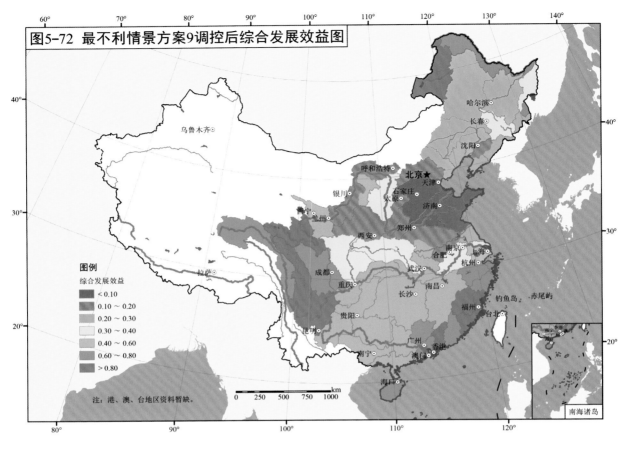

图5-72　最不利情景方案9调控后综合发展效益图

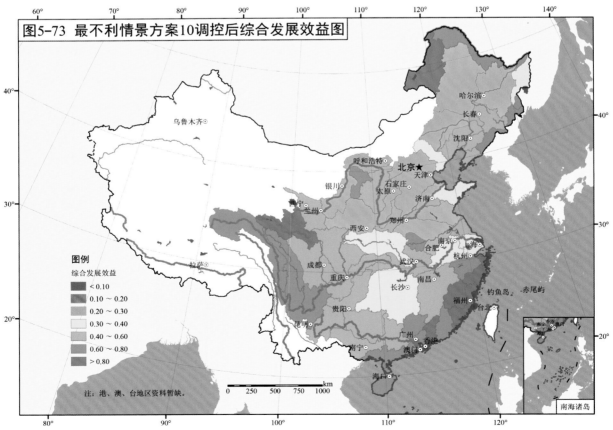

图5-73　最不利情景方案10调控后综合发展效益图

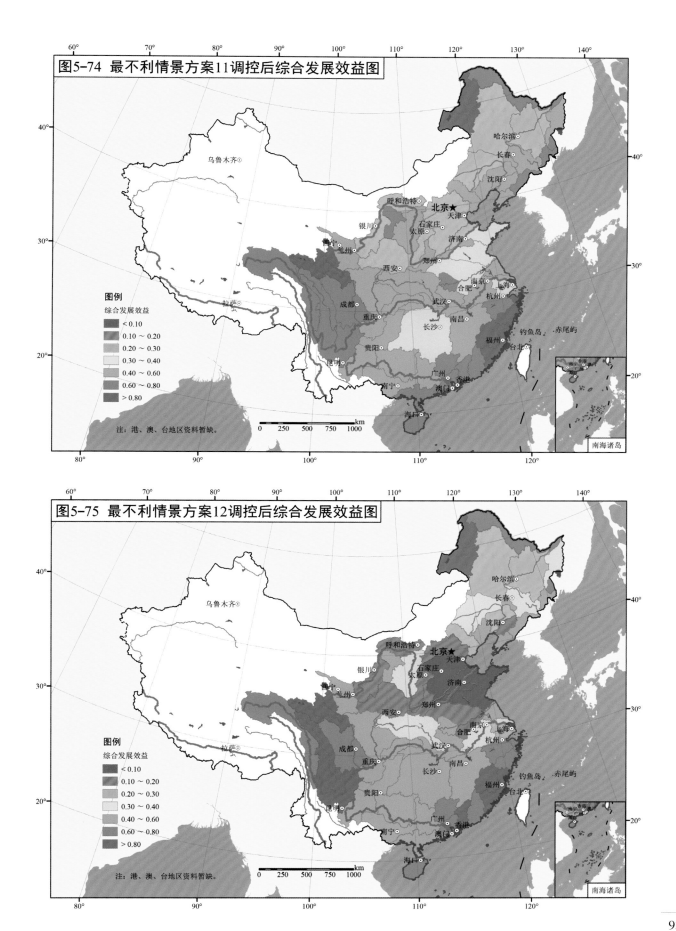

图5-74 最不利情景方案11调控后综合发展效益图

图例
综合发展效益
< 0.10
0.10 ~ 0.20
0.20 ~ 0.30
0.30 ~ 0.40
0.40 ~ 0.60
0.60 ~ 0.80
> 0.80

注：港、澳、台地区资料暂缺。

南海诸岛

图5-75 最不利情景方案12调控后综合发展效益图

图例
综合发展效益
< 0.10
0.10 ~ 0.20
0.20 ~ 0.30
0.30 ~ 0.40
0.40 ~ 0.60
0.60 ~ 0.80
> 0.80

注：港、澳、台地区资料暂缺。

南海诸岛

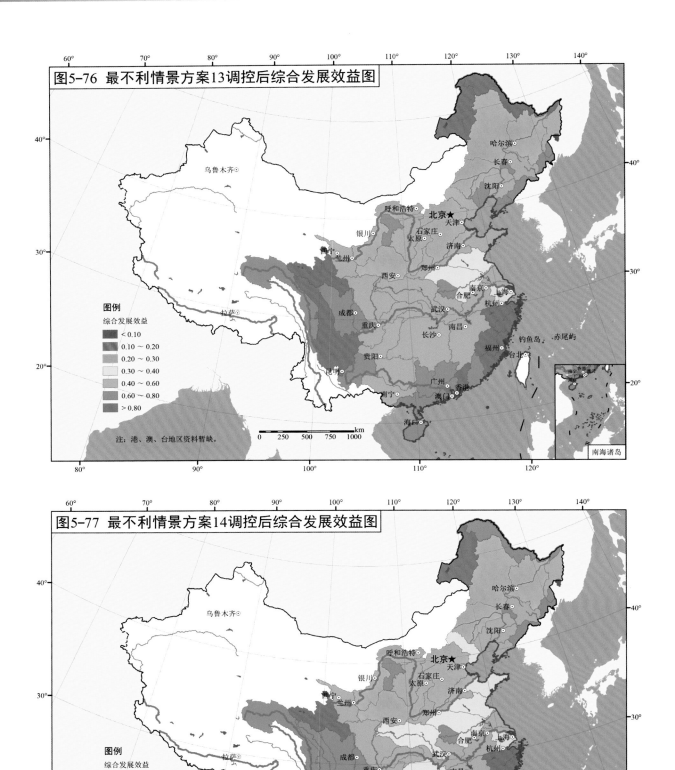

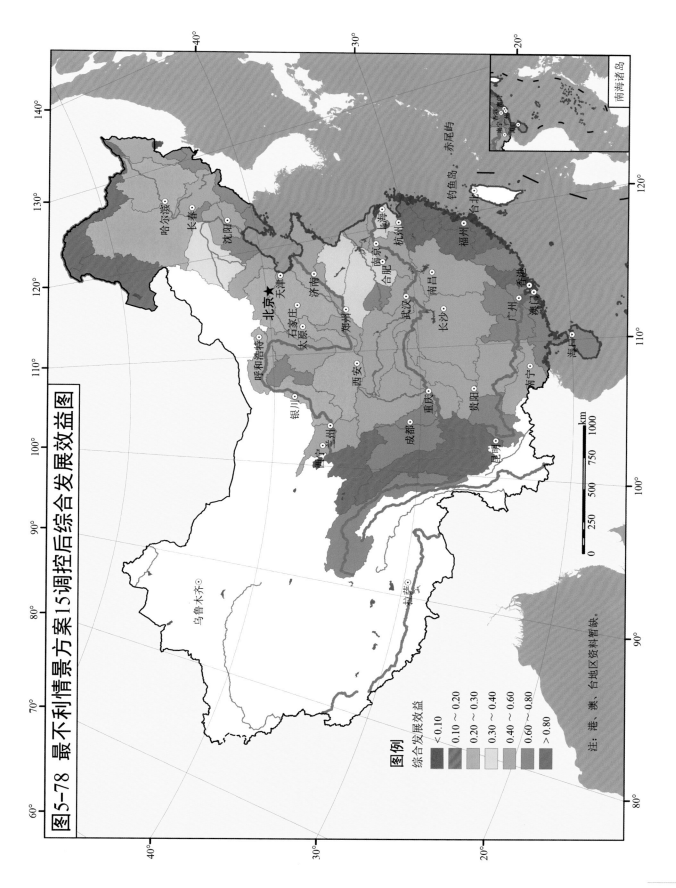

图5-78 最不利情景方案15调控后综合发展效益图

图例

综合发展效益

< 0.10
0.10 ~ 0.20
0.20 ~ 0.30
0.30 ~ 0.40
0.40 ~ 0.60
0.60 ~ 0.80
> 0.80

注：港、澳、台地区资料暂缺。

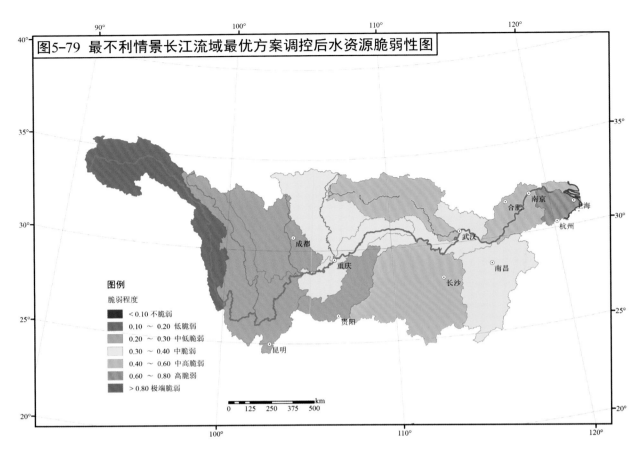

图5-79 最不利情景长江流域最优方案调控后水资源脆弱性图

图例
脆弱程度
- < 0.10 不脆弱
- 0.10 ～ 0.20 低脆弱
- 0.20 ～ 0.30 中低脆弱
- 0.30 ～ 0.40 中脆弱
- 0.40 ～ 0.60 中高脆弱
- 0.60 ～ 0.80 高脆弱
- > 0.80 极端脆弱

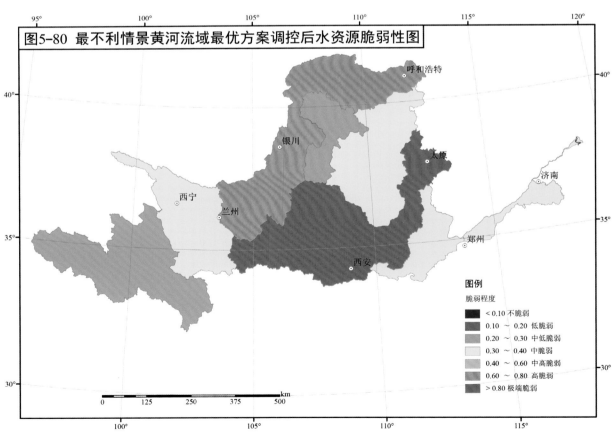

图5-80 最不利情景黄河流域最优方案调控后水资源脆弱性图

图例
脆弱程度
- < 0.10 不脆弱
- 0.10 ～ 0.20 低脆弱
- 0.20 ～ 0.30 中低脆弱
- 0.30 ～ 0.40 中脆弱
- 0.40 ～ 0.60 中高脆弱
- 0.60 ～ 0.80 高脆弱
- > 0.80 极端脆弱

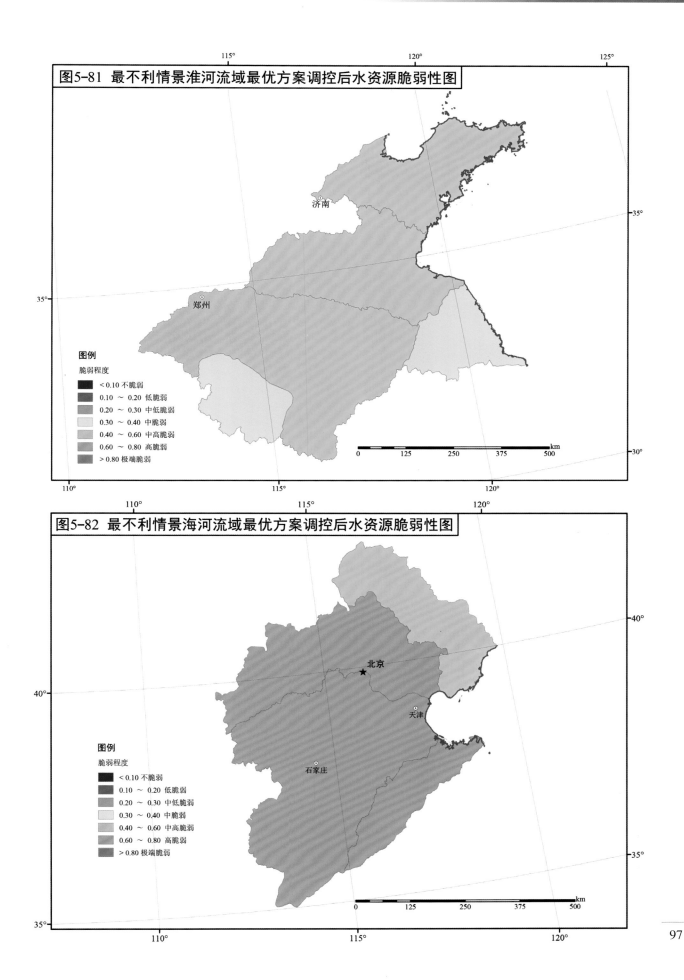

图5-81 最不利情景淮河流域最优方案调控后水资源脆弱性图

图5-82 最不利情景海河流域最优方案调控后水资源脆弱性图

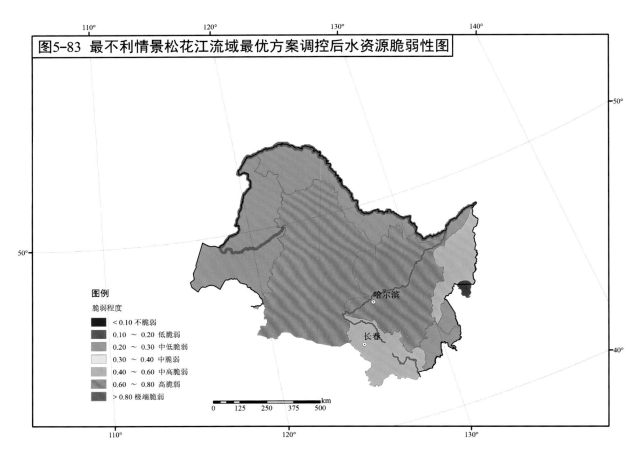

图5-83　最不利情景松花江流域最优方案调控后水资源脆弱性图

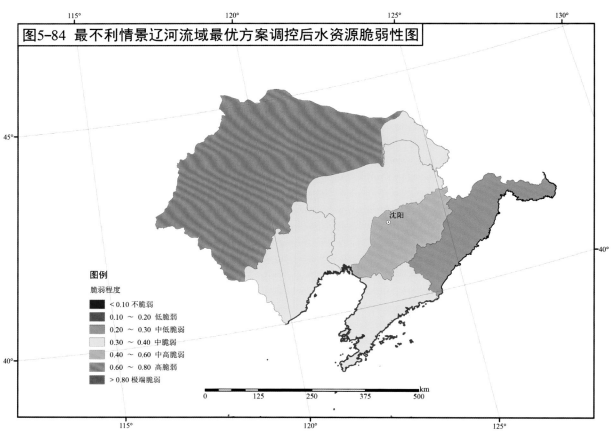

图5-84　最不利情景辽河流域最优方案调控后水资源脆弱性图

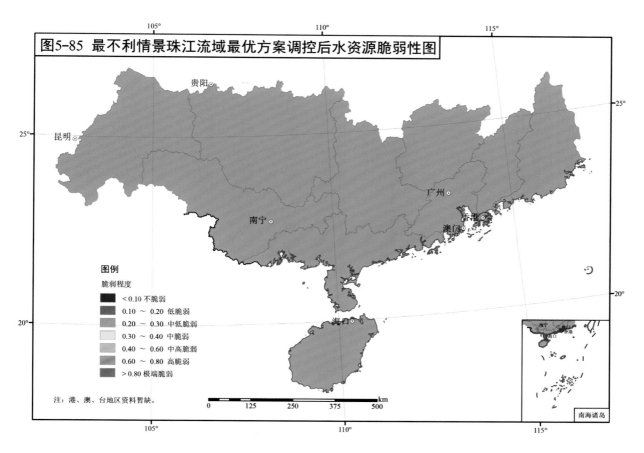

图5-85 最不利情景珠江流域最优方案调控后水资源脆弱性图

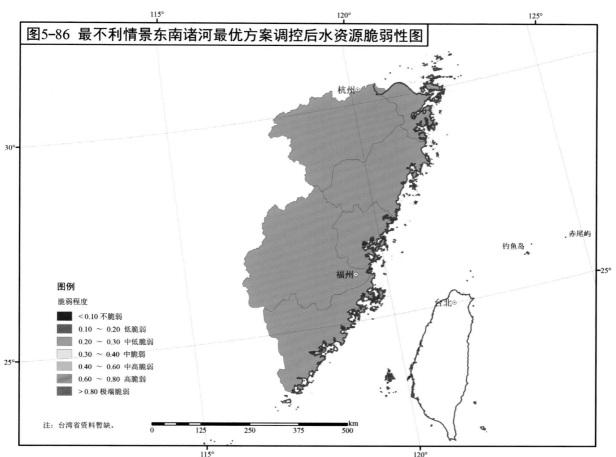

图5-86 最不利情景东南诸河最优方案调控后水资源脆弱性图

# 六、实例研究——南水北调中线调水工程水资源脆弱性图与适应性管理效果图

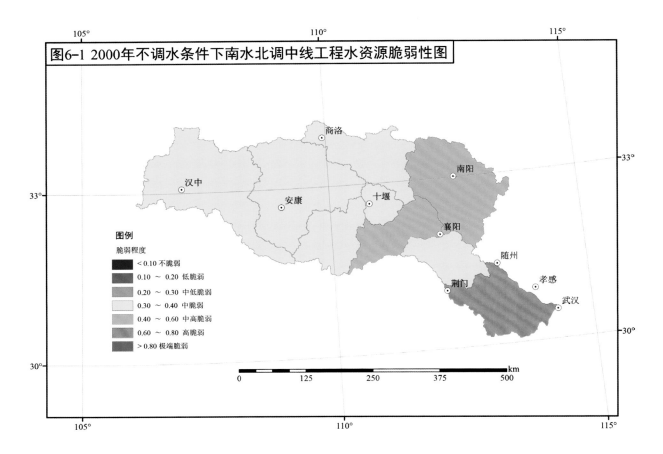

**图6-1 2000年不调水条件下南水北调中线工程水资源脆弱性图**

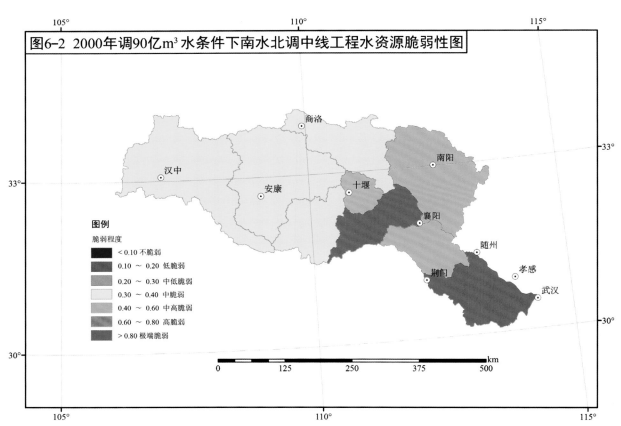

**图6-2 2000年调90亿m³水条件下南水北调中线工程水资源脆弱性图**

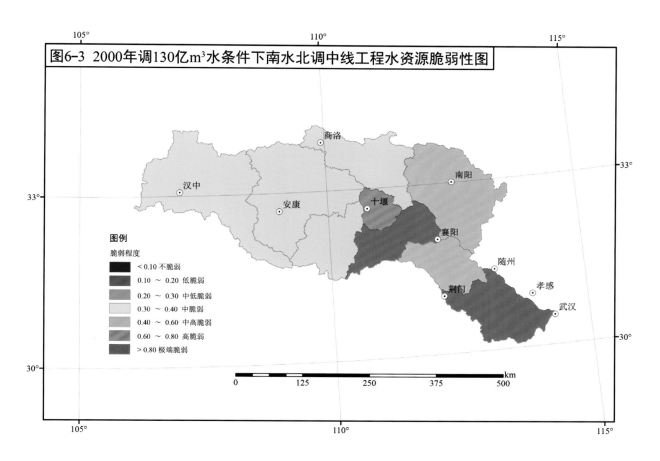

图6-3 2000年调130亿m³水条件下南水北调中线工程水资源脆弱性图

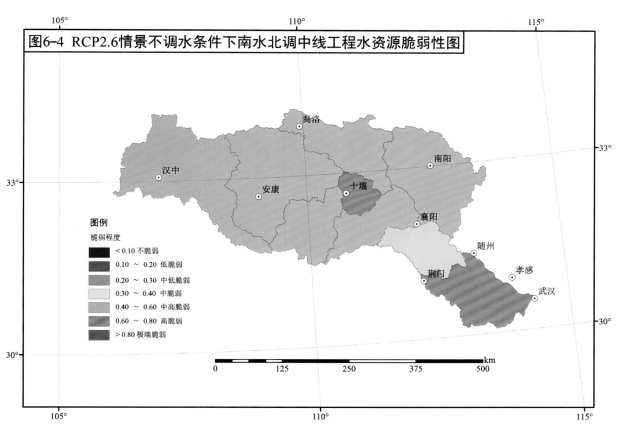

图6-4 RCP2.6情景不调水条件下南水北调中线工程水资源脆弱性图

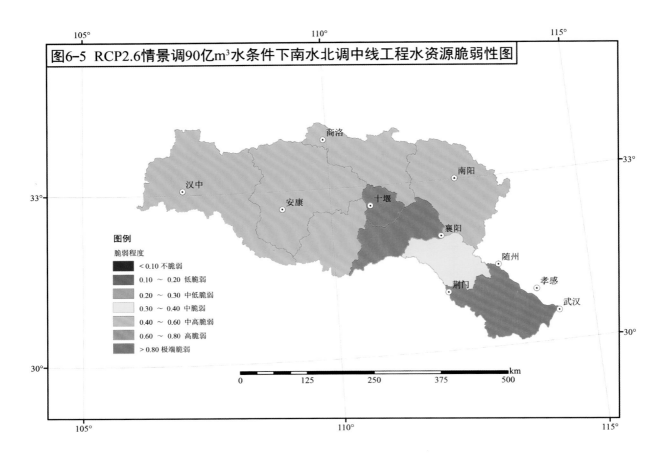

图6-5 RCP2.6情景调90亿m³水条件下南水北调中线工程水资源脆弱性图

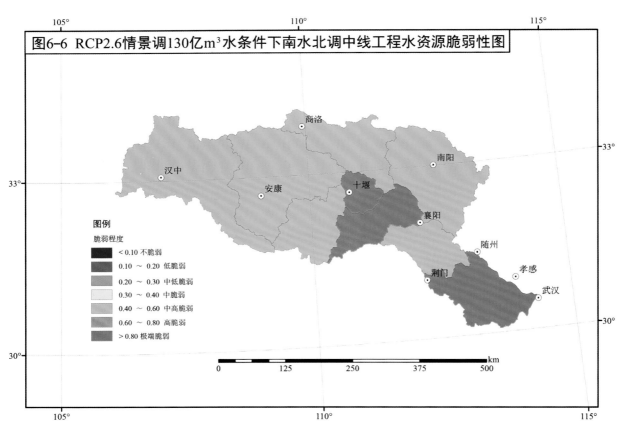

图6-6 RCP2.6情景调130亿m³水条件下南水北调中线工程水资源脆弱性图

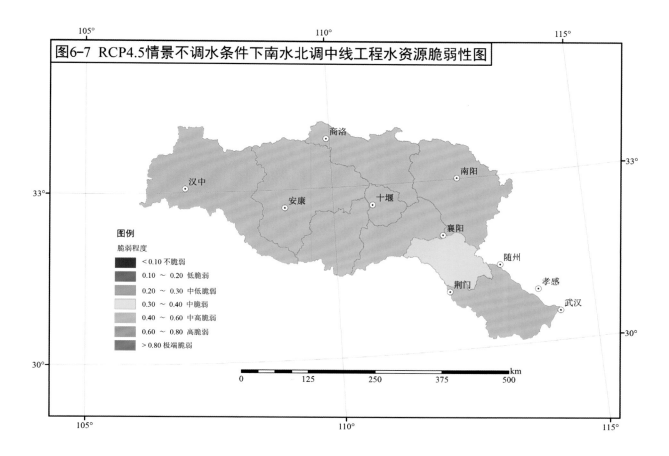

图6-7 RCP4.5情景不调水条件下南水北调中线工程水资源脆弱性图

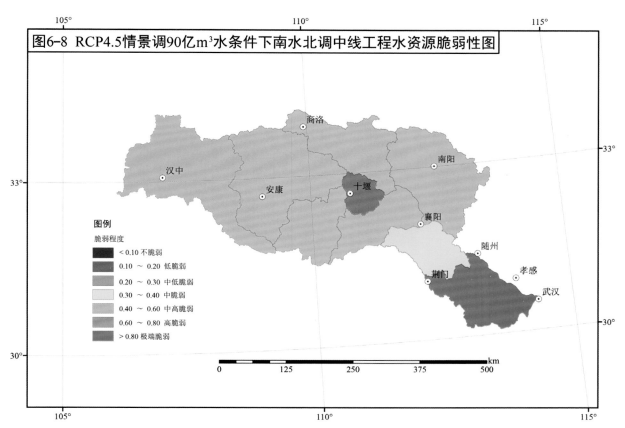

图6-8 RCP4.5情景调90亿m³水条件下南水北调中线工程水资源脆弱性图

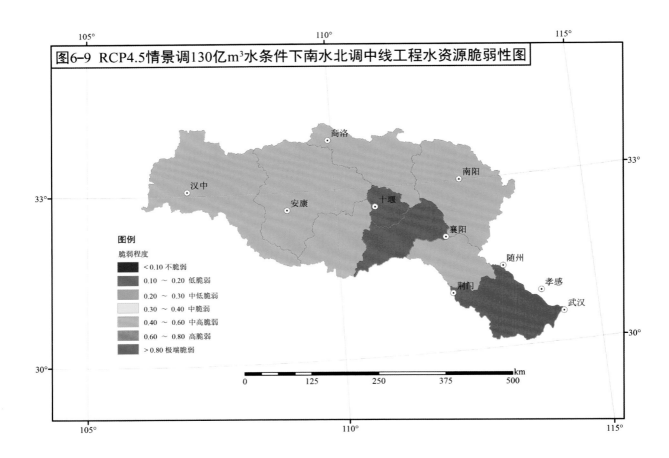

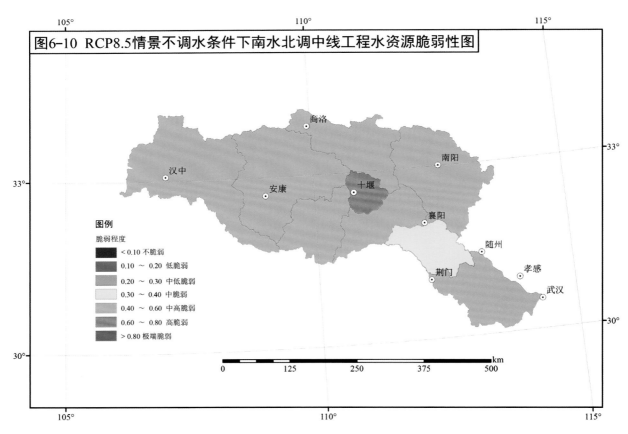

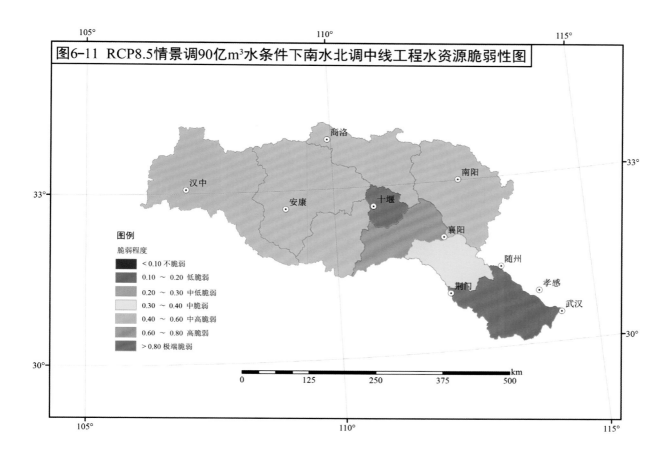

图6-11 RCP8.5情景调90亿m³水条件下南水北调中线工程水资源脆弱性图

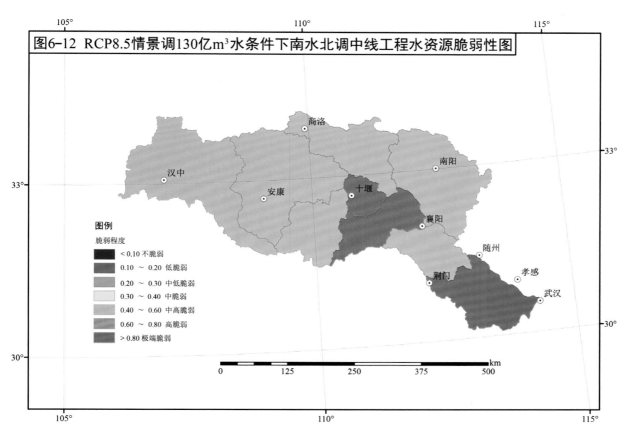

图6-12 RCP8.5情景调130亿m³水条件下南水北调中线工程水资源脆弱性图

# 附图　东部季风区1960—2012年基本气象要素图

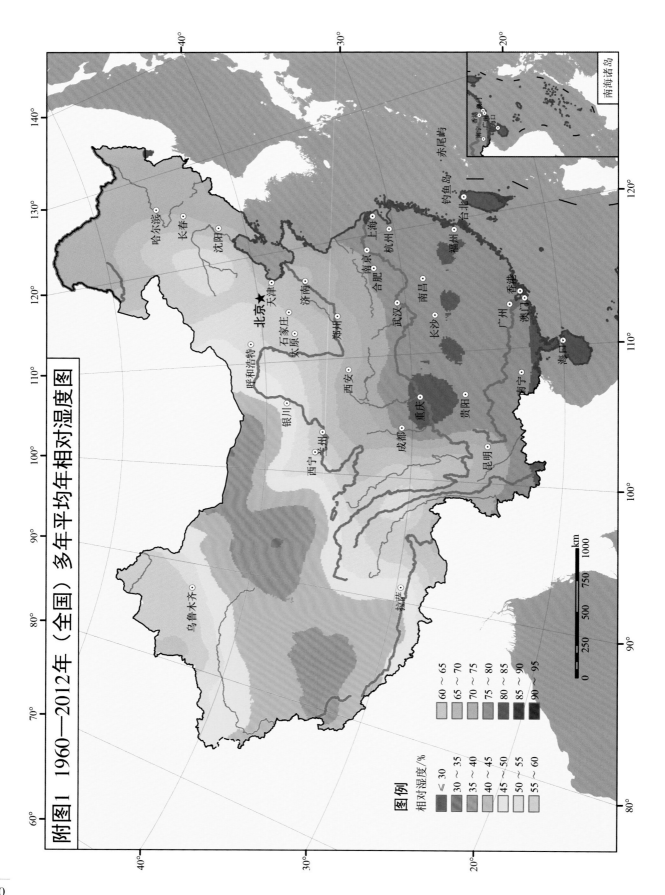

附图1　1960—2012年（全国）多年平均年相对湿度图

图例

相对湿度/%

≤ 30
30 ～ 35
35 ～ 40
40 ～ 45
45 ～ 50
50 ～ 55
55 ～ 60
60 ～ 65
65 ～ 70
70 ～ 75
75 ～ 80
80 ～ 85
85 ～ 90
90 ～ 95

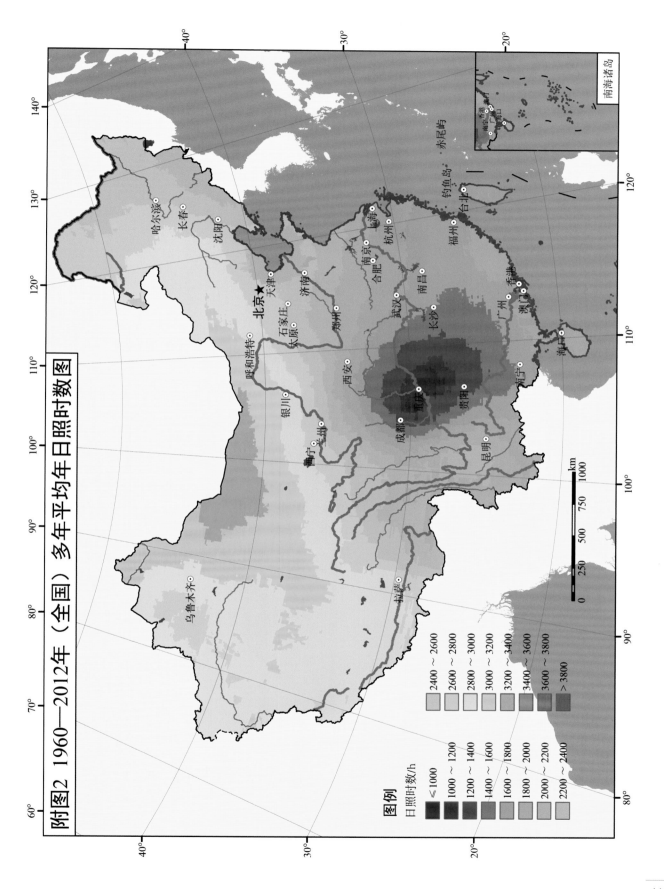

附图2 1960—2012年（全国）多年平均年日照时数图

图例

日照时数/h

≤1000
1000 ~ 1200
1200 ~ 1400
1400 ~ 1600
1600 ~ 1800
1800 ~ 2000
2000 ~ 2200
2200 ~ 2400

2400 ~ 2600
2600 ~ 2800
2800 ~ 3000
3000 ~ 3200
3200 ~ 3400
3400 ~ 3600
3600 ~ 3800
>3800

南海诸岛

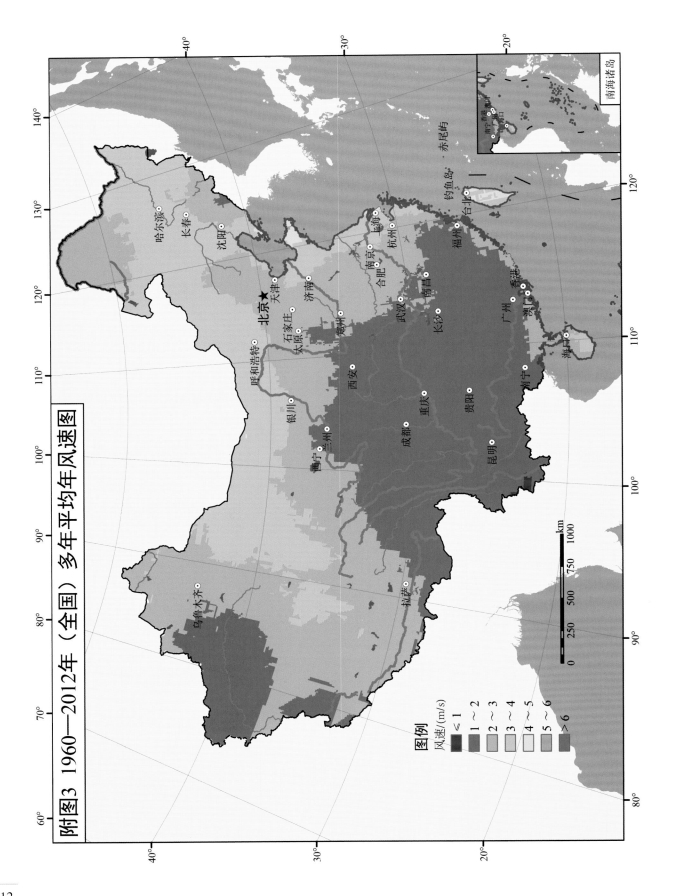

附图3　1960—2012年（全国）多年平均年风速图

图例

风速/(m/s)

≤1
1～2
2～3
3～4
4～5
5～6
＞6

# 参 考 文 献

[ 1 ] 夏军，雒新萍，曹建廷，等 . 气候变化对中国东部季风区水资源脆弱性的影响评价 [J]. 气候
变化研究进展，2015（1）：8-14.

[ 2 ] 夏军，陈俊旭，翁建武，等 . 气候变化背景下水资源脆弱性研究与展望 [J]. 气候变化研究进展，
2012（6）：391-396.

[ 3 ] 夏军，翁建武，陈俊旭，等 . 多尺度水资源脆弱性评价研究 [J]. 应用基础与工程科学学报，
2012（S1）：1-14.

[ 4 ] 夏军，石卫，陈俊旭，等 . 变化环境下水资源脆弱性及其适应性调控研究——以海河流域为例
[J]. 水利水电技术，2015（6）：27-33.

[ 5 ] 雒新萍，夏军，邱冰，等 . 中国东部季风区水资源脆弱性评价 [J]. 人民黄河，2013（9）：
12-14.

[ 6 ] 陈俊旭，夏军，洪思，等 . 水资源关键脆弱性辨识及适应性管理研究进展 [J]. 人民黄河，
2013（9）：24-26.

[ 7 ] 洪思，夏军，严茂超，等 . 气候变化下水资源适应性对策的定量评估方法 [J]. 人民黄河，
2013（9）：27-29.

[ 8 ] IPCC. Special Report of the Intergovernmental Panel on Climate Change. Managing the Risks of
Extreme Events and Disasters to Advance Climate Change Adaptation [EB]. 2012. http://www.ipcc-
wg2.gov/SREX/.

[ 9 ] 王绍武，罗勇，赵宗慈，等 . 新一代温室气体排放情景 [J]. 气候变化研究进展，2012（4）：
305-307.

[10] 水利部水利水电规划设计总院 . 全国水资源综合规划水资源调查评价（全国水资源规划系列
成果之一）[R].2004.

[11] 中华人民共和国统计局 . 2010 年、2000 年中国统计年鉴 [EB]. http://www.stats.gov.cn/tjsj/ndsj/.

[12] 中国气象局 . 中国气象数据网 [EB]. 2012. http://data.cma.cn/.